◆ 青少年做人慧语丛书 ◆

为梦想，心动不如行动

◎战晓书　选编

吉林人民出版社

图书在版编目(CIP)数据

为梦想,心动不如行动 / 战晓书编. -- 长春:吉林人民出版社,2012.7
(青少年做人慧语丛书)
ISBN 978-7-206-09128-5

Ⅰ.①为… Ⅱ.①战… Ⅲ.①成功心理-青年读物② 成功心理-少年读物 Ⅳ.①B848.4-49

中国版本图书馆CIP数据核字(2012)第150868号

为梦想,心动不如行动
WEI MENGXIANG, XINDONG BURU XINGDONG

编　　著:战晓书	
责任编辑:李　爽	封面设计:七　洱

吉林人民出版社出版 发行(长春市人民大街7548号 邮政编码:130022)
印　　刷:北京市一鑫印务有限公司
开　　本:670mm×950mm　1/16
印　　张:12　　　　　字　　数:150千字
标准书号:ISBN 978-7-206-09128-5
版　　次:2012年7月第1版　印　次:2023年6月第3次印刷
定　　价:45.00元

如发现印装质量问题,影响阅读,请与出版社联系调换。

目 录
CONTENTS

坚持美德也需要勇敢　　　　　　　/ 001

奖励自己　　　　　　　　　　　　/ 004

人生"混"不起　　　　　　　　　/ 007

立即行动　　　　　　　　　　　　/ 010

谁的夜晚比白天更长　　　　　　　/ 011

行动比抱怨更有效　　　　　　　　/ 014

在路上的人永远年轻　　　　　　　/ 017

生命之轻　　　　　　　　　　　　/ 019

最美丽的你在路上　　　　　　　　/ 022

自信者的舞台　　　　　　　　　　/ 024

在困境中向往美好　　　　　　　　/ 027

用我的安分等着你　　　　　　　　/ 029

最受欢迎的应届生　　　　　　　　/ 033

沿着青春一直走　　　　　　　　　/ 036

梦想的力量　　　　　　　　　　　/ 038

别折断小鸟的翅膀　　　　　　　　/ 041

信仰如太阳　　　　　　　　　　　/ 045

有梦想别忘了坚持　　　　　　　　/ 048

揣着愿望不必等流星　　　　　　　/ 051

在内心种下两颗种子　　　　　　　/ 054

梦想需要接近地气　　　　　　　　/ 058

幸福就是找到自己的心　　　　　　/ 061

每个人都有一个自己的舞台　　　　/ 063

别让抒情死去　　　　　　　　　　/ 067

给梦想一次绽放的机会　　　　　　/ 070

春天里的种花人　　　　　　　　　/ 072

人生不会被注定　　　　　　　　　/ 075

请尊重我的选择　　　　　　　　　/ 078

后　　来　　　　　　　　　　　　/ 081

忘记你的试用期　　　　　　　　　/ 083

每一个成功者都是行动家　　　　　/ 086

做个好人挺简单　　　　　　　　　/ 089

走近社会　　　　　　　　　　　　/ 091

羚羊和狮子为何竞相迎着太阳跑？　/ 093

你把自己用好了吗？　　　　　　　/ 097

不要让人偷走你的梦　　　　　　／100

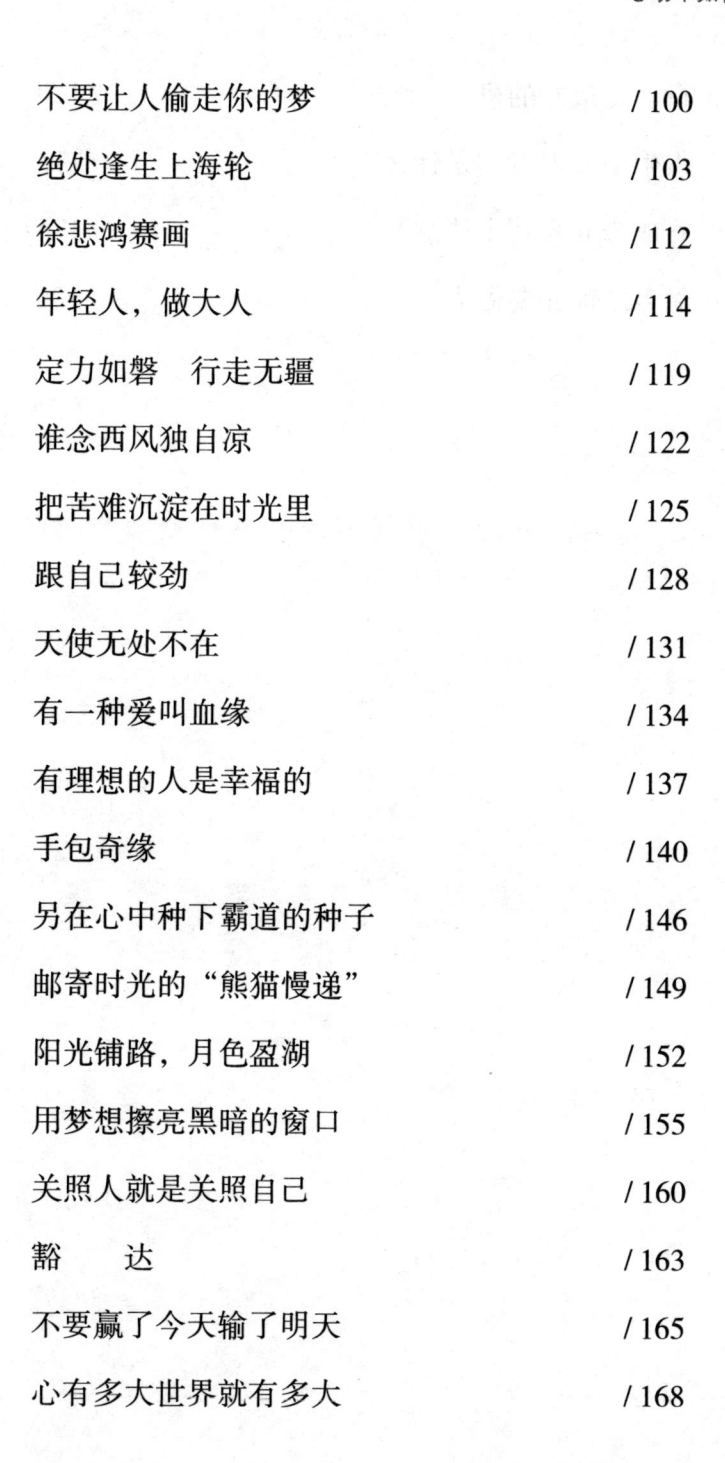

绝处逢生上海轮　　　　　　　　／103

徐悲鸿赛画　　　　　　　　　　／112

年轻人，做大人　　　　　　　　／114

定力如磐　行走无疆　　　　　　／119

谁念西风独自凉　　　　　　　　／122

把苦难沉淀在时光里　　　　　　／125

跟自己较劲　　　　　　　　　　／128

天使无处不在　　　　　　　　　／131

有一种爱叫血缘　　　　　　　　／134

有理想的人是幸福的　　　　　　／137

手包奇缘　　　　　　　　　　　／140

另在心中种下霸道的种子　　　　／146

邮寄时光的"熊猫慢递"　　　　／149

阳光铺路，月色盈湖　　　　　　／152

用梦想擦亮黑暗的窗口　　　　　／155

关照人就是关照自己　　　　　　／160

豁　　达　　　　　　　　　　　／163

不要赢了今天输了明天　　　　　／165

心有多大世界就有多大　　　　　／168

行动是最好的机遇　　　　　　　／170

人生中最宝贵的是什么　　　　　／173

石成金立身《十要歌》　　　　　／176

做事之前先要做人　　　　　　　／181

坚持美德也需要勇敢

有些传统美德,如艰苦朴素、勤俭节约等,人人都清楚应该如何办,讲起来也头头是道。但遇到具体问题时,未必人人都能做得到。请看实例:

——有个老农到城里看上大学的儿子,儿子很高兴,领着老爸到人群熙攘的公园去玩。当他们走进公园的时候,儿子发现路上有一枚五分的硬币,他本想去捡,可是当顾及周围人的目光时,就没有行动。游人来来往往,大约都看到了,可是个个视而不见,没有人去捡。这时,他爸看到了,随即弯腰拾了起来。这个学生的脸红了,小声地说道:"爸,拾它干什么?别人都在看我们呢!"他爸却不在乎,说:"怕什么?这也不丢人,五分钱能买一根针呢!"出公园的时候,他爸把五分钱交给了看门人。这个学生很有几分感慨,与老人比起来他觉得自己身上似乎少了点什么。

——一位退休工人给儿子在饭店举办婚宴,来宾不少,场面也算排场。宴会结束时,这位退休工人拿来一个大面盆,收拾桌上吃剩的饭菜。儿子拉妈一把,小声说:"妈,剩下就别要了。"妈却大声说:"不要了,多可惜。"儿子看到有的客人在看他们,感到很难为情,便生气地说:"一辈子就这么一次,你就不能做得大方一点吗?"妈却理直气壮地说:"这是自己花钱买的,剩下了就带走,又不丢人,怕什么?现在好过点了,就要面子,退回去10年,你上学还带红薯面呢!你呀,白叫你上学了!"儿子也知道自己理亏,可不知为什么,他就是不敢抬起头来正视人们的目光。

这样的生活镜头,在现实中并不少见。很显然,这些青年人所以做不到,并不是不懂得其中的道理,而是缺乏勇气去做。他们怕丢面子,怕人家说自己小气。由于少了几分勇气,所以勤俭美德也就只能在心里想想,或挂在嘴头上说说而已,很难变成自觉的行为。正是从这个意义上,我们说:坚持美德也需要勇气!

首先,坚持美德的力量来自内心。我们应把美德看成立身之奉,借以战胜自己的虚荣心。只要人们从内心坚信这一点,他们就能获得巨大的精神力量,并不理会周围世俗的看法,只管坦坦然然地做一个美德的拥有者。由此笔者想到这样一件事:在"文革"中,周总理主持召开一次重要会议。会议时间长,到中午还没有散,于是服务员在每人面前放了一份饭,他们边开会边吃饭。有位将军吃了几口,觉得不可口就推开不吃了。坐在他对面的周总理吃完了饭,还倒了一点水把盘子冲一下,把汤也喝了下去。周总理做得那样从容自然。就是这样一个小小的动作,却震撼了将军的心,美德的力量感染了他,他感到羞愧难当,又重新端起了饭碗。在这里,我们不是也感受到美德的巨大力量吗？一国总理尚且不怕丢人，从一点一滴做起，保持美德，率先垂范，我们还有什么难为情的呢？

话说回来，即使有些人不理解，说风凉话，也没有什么，这些人毕竟是少数。社会上大多数人还是赞赏美德的，坚持美德的人绝不会孤立。如果我们这样看问题，就会有足够的勇气，不在乎他人的看法，甚至敢与不良舆论作斗争，以实际行动弘扬美德，扩大美德的阵地。哈尔滨市曾发生过这样一件事：有一位边防军官到一家饭店吃饭，他只要了一些小菜，却受到旁边几个大吃二喝的青年的讥讽。他没有感到难为情，而是理直气壮地对他们进行严词批驳。他的行为受到在场多数顾客的支持，饭店老板也站到他一边，还专门给他做最好的菜叫他享用。在这种正义氛围之中，那几个讥讽人的青年反而陷入无地自容的窘境。在这里我们看到，那位军人的勇气多么可贵！同时也说明，即使在当今社会，坚持传统美德依然有着广泛的群众基础，我们应感到自豪，并从中获得更大的勇气。

有时，在世俗与美德之间就是一步之遥，而勇气是跨越这道鸿沟的关键因素。用二位名人说的话；走自己的路，让别人说去吧！让我们勇敢一些，大胆地拥抱美德吧，那时美德就将属于你。

（高永华）

奖励自己

　　一位朋友的新作出版了，她奖励自己好好吃一餐、乐一乐。于是邀朋友一聚，我也在其中。平日里不善言谈的她，那晚特别兴奋，喝了许多葡萄酒，说了许多高兴的事。她说，多少年来养成的一种习惯，每当做完一件烦琐累人的事，便要好好奖励自己。

　　奖励自己，这是一个多么有意义的事啊！平时，我们都把奖励给了他人，给了子女，而恰恰忘了给自己奖励，这是多么不公平呀！其实，在做成功一件事后，自我奖励也是非常重要的。这种奖励，可以是为自己精心选购一本书、一束花、一件饰物、一件衣服；可以是邀朋友一聚，让朋友分享自己的快乐；也可以是做一件自己特别开心的事，或听听歌，或与远方的朋友煲电话粥，或是躺在椅子上翻一翻平时没有空去放松阅读的书……

　　奖励自己，是一种豁达的人生态度。人生在世，每个人都在不懈地追求、奋斗，为自己，为家人，为国家，为事业。然而，由于主客观原因，要做成一件事又不那么容易。农民要获得丰收，就要默默耕耘；工人要刷新生产记录，就要挥洒汗水；军人要履行职责，就要历尽艰辛；科技工作者要取得创新成果，就要顽强拼搏……而这一切都需要勇气和智慧，都需要付出心血和汗水。一旦成功的花儿绽开了，给自己一个奖励，就是对这种努力的肯定，也是最好的自我慰藉，它表达的是一种热爱事业、热爱生活、勇于进取的人生态度。

奖励自己，是一种获得快乐的最佳方式。快乐是与成功相伴的。有这样一道问答："在这个世界上谁最快乐？"评选出的4个最佳答案分别是：一、作品刚完成，自己吹着口哨欣赏的艺术家；二、正在筑沙堡的儿童；三、忙碌了一整天后，为婴儿洗澡的妈妈；四、经过紧张而劳累的手术，终于挽救了患者生命的医生。这说明要获得快乐并不难，重在自我创造和自我感受。当我们在事业上获得成功后，给自己一个奖励，就是对快乐的品尝；邀朋友一起来分享，一个快乐就变成了两个乃至更多的快乐，小快乐变成了大快乐，而这又是一件多么快乐的事呀！

奖励自己，是为自己新一轮成功鼓劲加油。当今时代，竞争激烈，事业之河百舸争流、千帆竞发。一个人在事业上获得一次成功，取得一些成绩，只能证明过去，短暂的庆贺一番尚可，而长久地陶醉其中，沾沾自喜，就会松懈自己的斗志，放慢前进的脚步，而成为时代的落伍者。因此，奖励自己，不是骄傲自满，更不是得意忘形，而是促使自己在成功面前保持理智，把自我奖励变成自我激励的动力，鞭策自己跃马扬鞭，再创辉煌。

"行至水尽处，坐看风云起"。给自己一次奖励，就是给自己一个肯定，给自己一份信心，给自己一个继续努力的支点。诚如一位哲人所说："如果事业是一种乐趣，那么，自我激励就是这种乐趣的催化剂"。多一点自我奖励，会激发自己轻装前进，"唱着歌儿去赶赴明天的盛宴"。

(向贤彪)

人生"混"不起

大千世界，芸芸众生，天高任鸟飞，海阔凭鱼跃，一个人一个活法。俗话说"猪向前拱，鸡向后刨"，各有各的道。但奋斗了几十年，已进"四十不进，五十不留"，从政还是科员，经商依然"林家铺子"，做学问就那么几块"豆腐干"，于是便觉得憔悴，觉得太累，感叹茫然后便左顾右盼。在东扑西抓、忽冷忽热、乍惊乍疑后丧失信心，苟且偷安。于是把"坐禅"的生涯叫作"混"，官职的升迁叫作"混"，买卖的亏盈叫作"混"，工作是混事，生活是混日子，做一天和尚撞一天钟，甚至多年的和尚不撞钟，仿佛这世界宛如古代神话中的洪荒混沌。

曾怯生生地问过一位朋友：为什么把生命不息、奋斗不止、明快浪漫的人生冠以"混"字，答曰：光阴似白驹过隙，稀里糊涂人到中年，青少年的幻想成泡影，生活枯燥乏味，不是"混"，难道是"享受"不成？哑口无言的正是此话，不是惮于上对不起父母下对不起子女而有愧人生，而是往往在检点自己得失时，实在也觉得在"混"。日子一天天过去了，日出而作，日落而息，司空见惯，习以为常，好像永远是长长的日子艳阳天，以为每一个日子总有循环往复，无穷无尽。因此不足为奇，因此不值得珍惜。直到忽然有一天，发现光阴逝去，两鬓染霜，而功未成，名未就，这才恍然大悟，悔恨过去不懂得珍惜时间；这才沉痛慨叹，为什么等闲白了少年头？此时，如果在"混"和糊涂中能幡然悔悟清醒人生混不起，能够在不多的时光中加倍地追，加倍地跑，加倍地劳作而有所作为的话，我想并不可怕，尽可以休息一会儿反刍走过的路。在吃饱了鸡鸭鱼肉后，在"扑克牌里重重日，麻将声中又新年"中，在唱卡拉OK，打高尔夫球时，不妨问一问自己：人为什么活着？活着难道就是为了恣肆的享受吗？活着难道就这样碌碌无为吗？问了这些简单问题之后，会使头脑清醒一点，会减少一些糊涂的认识而重振雄风。

是的，平凡的人，干的是平常的事，过的是平铺直叙像流水账一样的日子，但要真正感受到生活的快乐生活的意义，还得靠自己的努力塑造自己的形象，唯一的办法，就是有着理想和信念，有着生活的动力和支柱，使自己奋斗着。"砍头不要紧，只要主义真"的力量源泉在于此，平凡人干平常事乐在其中的奥妙也在于此，否则是行尸走肉而已。不能否认，岁月的艰难，事业的挫折，会磨平人的"鳞甲"，我们已没有了"大江东去浪淘尽，千古风流人物"的豪放气概，没有了"问苍茫大地，谁主沉浮"的勃勃雄心。但岁月所赐的许多感受，许多阅历，许多经验，可以使我们在事业上更加成熟，更为得心应手，什么困难在我们面前都得低头。人生能有几回搏？我们在有限的时光内可以满怀信心，痛快地做许多有意义的事，春华秋实大器晚成定当不成问题。

殚精竭虑，好久，我才悟出："混"实际上是一种极不自信的内心独白。因为不自信，于是随大流，于是把自己淹没于人海，看不到自己的成绩。自己工作进步，评上先进或晋升职称，便以"混"代"胜"，不敢豪爽地说一声：这是我个人所赢得的。遇上原则问题，手捻长髯，背诵着千古绝唱"难得糊涂"，不能坚持原则办事。因为不自信，于是不进取，于是把自己看得一钱不值。失败比成功要多，然而失败却比成功更令人难于接受。

失败后还有失败，自卑后更加自卑。于是自卑恶性循环进而终成"混"。

朋友们：人生"混"不起，我们已到了成熟和彻悟的时候，与其叹息生活的不公，不如用自己的行动给自己找回公平。

（许金芳）

立即行动

曾问一位研究成功学颇有收获的朋友：什么是走向成功最重要的因素？

"那还用说？行动啊！你听过那个英国姑娘卖牛奶的故事吗？"

我当然听过。一个姑娘顶着牛奶上市去卖，满脑子是赚到钱后的美丽梦想：幻想着卖掉牛奶买一件漂亮衣服；穿上漂亮衣服就引来一位求婚的绅士，姑娘面对绅士高傲地把头一摇："不——"她想到得意处真的把头一摇——结果是牛奶桶翻倒，一场白日梦告终。

行动是重要的。要想追求自己的梦想就立即行动。

(中平)

谁的夜晚比白天更长

这个世界上有没有永恒的绝望，关于这个问题，我最喜欢哲学家给出的那个答案：上帝为你关闭一扇门，就会打开一扇窗。

一个女性朋友，生得有几分丑，家境却还好。父母留下的遗产大约有几十万。有个英俊的男人很快走近了她，所有人都看得出那个男人的目的，可是，她说什么也不相信。两年后，他骗光了她所有的钱，消失了。

我们都以为这个女人挨不下去了，可是，几年后，却在一场时装秀的场子里，看到她飞快地跑来跑去。原来她成了一个化妆师，而且在业内小有了名气。

往事重提，我愤愤地诅咒那个男人，她却悠悠笑着啜下一口咖啡：其实，我最感激的人是他。如果没有他，我的全部注意力还只放在那几十万遗产上。而现在，我无法预计，自己还会创造出怎样的财富。

我这才知道，她现在每月的收入已经到了五位数。

归纳自己的心得，她只有一句话：能有今天这一切，都是因为我的夜晚比白天更长。

临别时，她送给我一部纪实电影《花落花开》。

1864年9月2日，法国瓦兹河畔的奥威尔降生了一个小女孩儿。她的爸爸是个钟表匠，妈妈是个牧羊女。家境贫寒的她，童年在学校和牧场之间度过。

长大之后，这个女孩儿依然是一个不招人喜欢的姑娘。父母双亡后，她开始在乡下做钟点工，每天去不同雇主那里洗衣、做饭、酿酒，她所拥有的生活，几乎全部是斥骂、责备、白眼和冷落。

每个傍晚，雇主家温暖的壁炉点燃之后，这个姑娘将丰盛的饭菜端到桌子上，在别人的欢笑声中，默默地走到门前，换上老旧寒酸的布鞋，穿上露着破洞的外套，回父母留给自己的漆黑的房间。

她甚至从来不害怕走夜路。即便最邪恶的罪犯，也不会对这样一个邋遢沉默的姑娘动心思。

她唯一的乐趣，就是房顶上的一块彩绘玻璃，那是她小时候爸爸在教堂里捡来的废弃品，每个夜晚来临的时候，这个姑娘都会看着星光下瑰丽的彩绘图案发呆，一块简单的玻璃上，她不仅看到了星光，还看到了一种遥远的神秘。

那种神秘好像细密的雨，一天天落下来，终于在她的心中形成了涌动的河流，终于有一天，她忍受不了那河流的冲击和震撼，将猪血和草汁搅拌在一起，在地板上、木片上、草纸上开始作画。

这一年，她正好40岁。

人们惊讶地听到了这个女佣沙哑跑调的歌声和酣畅的笑声，没有人知道有什么东西值得她这样快乐，直到，他们看到她的画。

那些奇幻的花朵和叶子，还有发光的羽毛和燃烧的森林。在那些天真诡异、夸张又拘谨的画面中，人们看到了一个让人惊讶的广阔灵魂。

他们几乎不敢相信，上帝竟然将一种庞大的智慧放在一个近乎无知的女佣手中。

1912年，德国艺术评论家伍德，偶然在桑利斯小镇看到了她的作品，惊为天人的同时，这个名字很快就成了法国朴素派画家的代表。

这个女人就是世界著名朴素艺术家萨贺芬·路易。

电影结束了，黑暗中，我似乎看到了一束光，一束奔跑的光。这束光里，我看到了笨拙的萨贺芬躬身在星光下作画，也看到了被人欺骗的女友，灯光下一次又一次在不同的脸上涂抹脂粉。那个瞬间，我终于明白了女友的那句话：我的黑夜比白天更长。

是呀，只有当黑夜比白天更长的时候，那些追逐梦想的人才能在沉默中积攒更多的力量。

电影中，萨贺芬·路易在寒冷的房间中一边唱歌一边疯狂作画，一朵朵鲜花怒放出来，她的作品日渐完美。我给女友打电话：我在萨贺芬的身上，看到了你的影子。

她爽朗地笑了。

（琴台）

行动比抱怨更有效

在我们身边，总有一些喜欢抱怨的人，他们抱怨领导，抱怨家人，抱怨环境，抱怨生活，抱怨社会。可是，更多的时候，抱怨是无济于事的。没有人喜欢和一个絮絮叨叨、满腹牢骚的人在一起相处。再说，太多的抱怨只能证明你缺乏能力，无法解决问题，才会将一切不顺利归于种种客观因素。若是你的上司见你整日哼哼唧唧，他恐怕会认为你做事太被动，不足以托付重任。所以有发牢骚的工夫，还不如动动脑筋想想办法：事情为什么会这样？怎么才能把它解决掉？

有个小故事相信很多人都看过，说是一个人被老虎追赶，情急中攀上悬崖绝壁的一根枯藤。这时，老虎在下面咆哮，这个人紧紧抓住枯藤不敢松手。在万分紧急的时刻他猛然抬起头，看见悬崖上一只老鼠正在啃这根枯藤，已经啃了一大半，很快就会啃断。面对此种险境，如果是你，你会怎么办？会不会憎恨老虎抱怨老鼠？再看这个人，他正在焦急之时，突然发现眼前的绝壁中有一颗鲜艳的草莓。他忘了下面正在咆哮的老虎，忘了上面正在啃藤的老鼠，而是伸出一只手摘下那颗草莓放在嘴里。当草莓的清香流进心里，他顿时有了动力，跃身跳上绝壁，逃过老虎的追击。

这个故事或许不太真实，但它揭示的道理却令人震撼。在危急关头，抱怨是最消耗能量的无益举动。美国最伟大、最受尊崇的心灵导师之一威尔·鲍温在《不抱怨的世界》中提出了神奇的"不抱怨"运动，它正是我们现代人最需要的。天下只有三种事：我的事，他的事，老天的事。抱怨自己的人，应该试着学习接纳自己；抱怨他人的人，应该试着把抱怨转成请求；抱怨老天的人，请试着用祈祷的方式来诉求你的愿望。这样一来，你的生活会有想象不到的大转变，你的人生也会更加的美好、圆满。

所以抛弃抱怨，积极行动才是最重要最有效的。比如写作，当然是件辛苦事，但写作之前一个人往往会想，这篇文章应当有怎样的主题，怎样既能契合大众的阅读口味又能达到精英水准，寄给编辑能不能被采用。文章以外的种种考虑有时比写一篇文章更给人添累。当你提起笔把写好写精彩作为努力的方向，抛开种种功利目的的考虑，尽可能做到淋漓酣畅地表达，这样写的结果，反而会很成功，至少不会失败。

请记住，同事和朋友只是你的工作伙伴，就算你抱怨得句句有理，谁愿意洗耳恭听你的指责？每个人都有貌似坚强实则脆弱的自尊心，凭什么对你的冷言冷语一再宽容？很多人会介意你的态度："你以为你是谁？"在一个竞争激烈的社会，每个人都在追求成功，你只有让自己变得强大起来，才能让别人看得起你，才能接近成功。而不能靠抱怨获得别人的同情，施舍给你成功。那样的成功是短暂的、没有喜悦感的。

借用《不抱怨的世界》中的话送给时下年轻人，相信大有益处：我们的抱怨多半都只是一堆"听觉污染"，有害我们的幸福健康；这不是赛跑，而是一种过程；改变你的措辞，看着自己的生命有所改变；学会不抱怨之后，心情会比较开朗，也会有能量去面对生活中的各种难题；当不抱怨变成一种个性的特质，最大的受惠者还是自己；凡是你所渴望的东西，你都能够得到。

（柯云路）

在路上的人永远年轻

在朋友的QQ空间看到一个词组：未完成。未完成，真好，永远在努力，永远在向前走，永远保持年轻，永远在路上。

我们总是期待着能够幸福。其实心里有爱、有希望、有事做，那不就是幸福的定义吗？抬头，目光穿过繁密的枝条，眯起眼睛，看着太阳绽放在天空，像极了花格子布上盛开的鲜花，心里就平添了一种厚厚的温暖的感觉，那不就是一种幸福的感觉吗？

别人的青春绚丽多彩，浓烈过凡·高的油画，而我似乎只是一张黑白照片，单调、陈旧，没有任何温度。甘于平凡，而且安慰自己说，至少平凡要比平庸伟大得多。

已经记不起，夏天以前，确切地说是高考以前，我写过多少关于高中枯燥生活的文字，说它是地狱，说我们在书堆中无奈又无力地喘息，苦苦等待解脱的那一天。现在才知道，我错了。在路上才好，只有在路上才可以继续传奇。凯鲁亚克在他的作品《在路上》里写道：我还年轻，我渴望上路，带着最初的激情，怀着最初的梦想，感受着最初的体验，我们，上路吧。

谁说过:"人生就像是一个重复的圆,你一定会重复曾经让你快乐的点,也一定会重复曾经让你悲伤的点,周而复始,永无止境。"

一直喜欢有梦有理想的人,大仲马曾说过:人类的一切智慧都包含在四个字里——"等待"和"希望",我越来越发现我也在追逐一个梦,一个美丽的梦。

追梦是一种体会,即使心碎也会觉得甜蜜;追梦是一段经历,即使破碎也会看到美丽。梦,你寻寻觅觅,它也许毫无踪迹;你毫无用心,它却可能浮现眼前。

就像兰晓龙写的:逃避不一定躲得过,孤独不一定不快乐。没有人分享你的快乐,只有自己独自承担磨难,现在的软弱正好证明了你一直是那么坚强。

珍惜在路上的体验,一切都未完成……

(荆承)

生命之轻

《不能承受的生命之轻》是捷克作家米兰·昆德拉的作品，充满着对生命的思考：如果一切都以我们经历过的方式再现，而且这种反复还将无限下去，那么我们任何的罪恶都将被无限地放大，如果我们生命的每一秒钟无限重复，我们就会像耶稣被钉在十字架上一样被钉死在永恒上。在永恒的世界里，一举一动都承受着不能承受的责任重担。可事实上呢？我们的生命只有一次，没有前世对比，也没有来生加以修正，因此相对于永恒轮回，我们的生命是"轻"的。那么失去重是否就真的意味着"如释重负"呢？失去了承载生命的重量，让我们飘在迷茫和未知的空中，一种失重的压力会把我们摧毁，那就是生命之轻。

作为大学生，我们更应该明白这一点。在生命的早期，我们必须要有自己非常清晰的人生目标，或者竭尽全力让自己明白我们真正想要追求的东西是什么，总之，我们要能承载生命的重量，否则，只能在轻飘飘的世界里自我毁灭。要认识到每一天的生活都是生命对我们的恩赐，每一秒钟都是一份礼物，我们不能浪费，更不能毁伤，朝着自己既定的目标而努力奋斗。亚里士多德曾经说过："一个人成为什么样的人，要看他经常做什么样的事情。"所以，利用好我们不再回来的光阴来养成良好的习惯，并且做有价值的事情是十分重要的。

很多大学生都爱随波逐流，看到大家在考公务员，就一哄而上，恐怕落后；看见大家在考研，就毫不犹豫地加入考研大军；看见大家谈恋爱，就害怕自己成为光棍儿。在一次又一次的趋同效应中，我们实际上成了"沉默的螺旋"，没有了主见，没有了真正的追求，走别人走的路，做别人做的事，活在别人的评价里，却死在自己的信仰中。承受着生命的重负，却还时常吼着空虚和寂寞，为什么呢？因为我们成了信仰的囚徒，我们失去了自我，成了生活的奴隶，灵魂游离于躯体之外，轻飘飘、无家可归，没有归宿。

人性的复杂在书中展现得淋漓尽致。我们的内心都是一个复杂的系统，不是简单的爱与恨、轻与重。形形色色的人和纷繁复杂的事在我们心中交织，谁能说得清什么是对、什么是错，得到了什么又失去了什么。小说中的主人公托马斯之所以喜欢其他的女人，是因为他想猎奇，他需要在不同的女人身上找到不一样的神奇，而他对特雷莎是一种不愿放弃的爱，不是同情，而是爱。当特雷莎在他身旁的时候，他会觉得压力的重，但是当她真的离开的时候，他会有一种被抽空了的痛苦，生命之轻不能承受。对于特雷莎而言，她也爱着托马斯，但是这种爱也是一个象征的符号，他只是区别于她曾经生活世界的一个标志，是她开始一段新生活的一个救星，因此她抓住不放。

而我们呢？在面对感情的时候，又该何去何从？爱与被爱是人的天性，我们需要理性的爱。因此，太多的时候我们不要因为感情而纠结抑郁，站远一点儿，看淡一点儿，也许他或她就没有那么让你魂牵梦萦或者撕心裂肺了。

《易经》有云："刚柔相推而生变化。"万事万物都是刚柔两面，凡事不能剑走偏锋。也许人生有很多不如意，也许感情总是不投机，但是沉重的负担并不意味着生命的萧条，或者生命之轻才是最不堪的重负。抬起头，直面生活，无论轻与重，勇敢前行。

（张雅斐）

最美丽的你在路上

就好比读书，书中全是人间的悲喜剧，可你看着看着，就会忘了结尾，忘了开始，甚至忘了作者，只有那跌宕起伏的剧情，在你沧桑的心中，如星光闪过。

就好比旅行，往往在抵达目的地之后，就意味着旅行的结束，远山近水无非是平常的一抹幽翠、几许沧浪。而最值得回味的，则是旅途中那浪漫无尽的遐想。

就好比浪漫，是一种感觉而不是一种结果，春花凋零、秋月眠去都无所谓，而真正在意的，却是我们心中的花落水流。就好像我们坐在公交车上，会常常想，要是这趟车没有终点，该多好。

就好比友谊，令其无可匹敌的，绝不会是信誓旦旦的许诺，更不会是功利权衡的交易。患难与共的品质，只有经历了峥嵘岁月的锤炼，方能坚不可摧，历久弥香。

就好比爱情，其结局无论是劳燕分飞还是修成正果，能让你感到心痛或是甜蜜的，往往是两个人的过程，而不是归宿。就好像童话故事中的王子与公主，只写到相恋牵手，至于后事如何，便没了下文。

就好比人生，在功成名就之后，必然会不知所措，就好像世上没有最高的山巅，同样也没有永远的辉煌。而你的回忆录中说得最多的，绝对不会是金光闪闪的奖牌，而是征途中漫漫的风雨交加。

就好比天空，湛蓝清澈，广袤深邃，能够震撼和感动你的，不是太阳，也不是月亮，而是你追求探索的目光，在穿越时空的隧道中，激荡出浩瀚的烁烁清辉。

在路上，花香在路上，青春在路上，生命在路上，一切都在路上，所以，请你不必快马驰骋，刻意寻求结果的彼岸。因为彼岸会有一面镜子，你看到的只是自己的昨天，而绝不是明天。

或许此时，你正在欢笑的路上、寂寞的路上、幸福的路上、忧伤的路上……但是，只要在路上，你就是最美丽的，因为，你正用踏实的脚步走出芬芳绚丽的章节，流光溢彩的年华终会开花。

（周勇）

自信者的舞台

人生就是实现梦想的舞台在这个18岁男孩的心里,没有任何东西能够阻挡住他追逐梦想的脚步。

浓密卷曲的短发,肥大牛仔裤和白T恤,站在人群中,除了超级肥胖的身材外,毫无吸引人注目之处,可就是这个体重二百四十多斤的男孩子,却喜欢上了舞蹈,而且是女性的舞蹈,性感装扮,妩媚眼神,站在舞台上的他如痴如醉,忘乎所以。

当大多数同龄人正沉浸在电视和网络中享受生活时,他却为了追寻自己的梦想付出了超乎寻常的艰辛努力。因为他坚信自己有朝一日能像专业演员那样以自己的肥胖之躯登上舞台。他,就是四川乐山一中的学生——王章杰。

小时候,王章杰陪妹妹去学跳舞,竟意外地痴迷上这门艺术。由于喜欢模仿女生的舞蹈,街坊邻居议论纷纷。上初中后,同学也对他冷眼相向,甚至搞恶作剧故意整他。父母希望他多些阳刚之气,反对他跳女孩子的舞,他就偷偷跟着电视上学,对着镜子跳舞给自己看。

偷着报名参加电视台比赛后，王章杰得到专业评委的肯定，父母不再反对他跳舞，父亲甚至还买来电话卡，请亲友帮忙发短信支持儿子参赛。然而得奖后，他宣布自己将舞蹈视为人生方向，父亲却大发雷霆："不准再跳舞了！再跳，把手砍断！"他从未见过慈祥的父亲如此严厉，以为世界末日来临，吃了一大把安眠药。获救后，父母哭着说："从此再也不逼你了。"

2008年，他以自编自演的作品《舞魂》在学校艺术节展演上获一等奖，又以此参加了元旦文艺晚会。他的勇敢与自信迎来了师生们赞许的目光，同学们这样评价他："从外表看，他身体过于肥胖，可是他能把舞蹈跳得那样出神入化，就像把握了舞蹈的灵魂，的确让人佩服。"

为了深入学习专业舞蹈知识，他报名参加艺术学校，老师最初坚决不收："你太胖了，不适合跳舞。"他便强迫自己节食减肥，一周减下十几斤肉，身体几近虚脱，老师终于被感动了："学吧，只要你不放弃，我们也决不放弃。"

由于太过肥胖，王章杰练习专业技巧动作比别人更难，空翻、单手翻……每次练习课下来，浑身疼痛，身上青一块紫一块的。两年的刻苦训练，现代舞、古典舞、傣族舞，他都能做到熟练地演绎和表现。老师这样评价他："舞蹈风格鲜明，有很强的舞台表现力，而且很自信。"

2007年，王章杰获夹江县推新人大赛冠军；2009年，他又获四川省艺术人才大赛一等奖；2010年，他应邀到江苏卫视为明星萧亚轩伴舞，他同自己艺校的老师合作，在现场掀起了一次次高潮，尤其是他本人赢得了上至明星下到百姓发自内心的掌声和笑声，王章杰红了，乐山媒体来了，省级媒体来了，甚至中央电视台也打来电话了解他的情况。

当梦想一步步成为现实，饱经挫折的王章杰已变得成熟，他在自己的网络日志中写道："我这样的身材能跳好舞蹈，这是我自己最宝贵的一种精神，或许我以后会转学表演，但我相信有这种信念支撑，无论做什么，我都能像跳舞一样创造奇迹。"

（李亚敏）

在困境中向往美好

报社来了一些实习生，我也带了一个，是新闻学院快毕业的姑娘。我给她出的题目是去找一个建筑工地，和打工的外地民工生活一天。我自己给自己的任务是和一个捡垃圾的人生活一天。我们要策划四大版的"普通人在城市的一天"这样一个选题。

第二天各路人马都回到了报社，大家似乎都有收获。有人讲得非常感人，我带的那个实习生讲得最感人。

她说她在一个建筑工地上碰见了一个小姑娘，那个小姑娘是工地上用手工弯铁丝网的，一天要干十几个小时。

她讲，她的最大愿望就是看看天安门。很小从课本上知道了首都北京有个天安门，但她来了也没有时间去看，因为她在工地上要从早上8点一直干到夜里。太累了，工头也不让她晚上走出工地，没有一个休息日，因为要赶工期。她说她最大的愿望就是干完了这个短工，去天安门看一看。

一个人一生最大的愿望就是去看一看天安门！而为此她要付出在一家工地工作三个月的代价。我们很多人经常经过天安门，早已熟视无睹了。但实习生的这个故事让大家都有些震动。

　　我跟一个从河南来的捡垃圾的老头生活了一天。早晨7点钟，在朝阳区一个郊区空地中，几百个捡垃圾的人在卖前一天捡的垃圾，那种情景让我想起狄更斯笔下的伦敦：几百个衣衫褴褛的人在卖垃圾，收垃圾的人把垃圾收走，然后，他们就提着空蛇皮袋，四散而去了。

　　这是一些生活在城市夹缝中的外乡人，以中老年人为主。我和河南老人一边沿着他固定的线路走，一边听他说话。他熟悉活动区的每一只垃圾桶，每一个垃圾堆。他讲了许多，那种感觉很像余华的小说《活着》中一个老人给一个青年讲活着的故事，非常像。讲人的生生死死，恩恩怨怨。到了晚上，我和他一起回到郊区他租住的一间小平房，那是一间只有7平方米左右的小房子。他拉开了墙上的一个小布帘，在墙上有一面木架子，上面从上到下摆满了各种各样的空香水瓶！那些都是他的收藏。香水瓶的造型大都很好看，老人搜集的足有二百多个，一刹那它们的美让我震惊，也让这个老人的小屋和他底层的人生发亮了。

　　这两个故事都是真实的。他们是生活中的乐观者，卑微愿望的满足者，也是热爱生活的人。

（邱华栋）

用我的安分等着你

谈恋爱时，大家都劝她放弃。不是他有什么不好，而是因为他当兵的地方，在千里之外的新疆，结婚后两人根本无法生活在一起。

她却听不进去，歪着头说："两情若是久长时，又岂在朝朝暮暮？"

母亲反驳道："你那是精神乌托邦！夫妻就应该长相守、永相随。"

她挑起柳叶眉，一脸的倔强："反正，除了他，我谁都不嫁。"

令大家更为惊讶的是，结婚时，她甚至跟婆婆提出不举行婚礼。理由是，喜宴纯属铺张浪费，不如把钱省下来，尽快攒够首付，买一套属于自己的房子。那可是二十世纪九十年代伊始，贷款买房还是比较前卫的事情。

短短的婚假后，他很快奔赴部队，她则留在河北照顾家和双方老人，牛郎织女的生活就这样开始了。

结婚前，在朋友当中，她是最爱玩的。唱歌、跳舞、参加聚会，到处都能看到她活跃的身影。结婚后，她却完全像换了个人，除了工作，业余时间几乎全部宅在租来的房子里。夏天，院子里的花草争奇斗艳，她一个人，静静坐在树荫下，给他织冬天穿的羊毛裤。收音机里，邓丽君的歌溪水般流出来。她一幕幕念着他的好，浓浓的甜蜜，如同香腻的巧克力，点点滴滴入了心。

周末，朋友们约她出去玩，她总是摇头，一次又一次婉拒。女友不明白，问："他不在，你一个人窝在家里干什么？"她淡淡笑着，极认真地说："如果他打来电话，而我不在家，他一定会很担心。他是军人，任何后顾之忧都会影响工作。况且，我也希望，能在第一时间听到他的声音。"

母亲说："妮儿，结婚成了分水岭，把你变成了截然不同的两个人啦。"

她贴在母亲身边，望着树上的鸟巢，感慨道："人生在世，不同阶段拥有不同的身份，而不同的身份，就有不同的责任和义务。单身时，我热衷于随心所欲，自由不羁。结婚后，我只想做一个合格的妻子和母亲。"

日子像白水，平淡而干净地流淌。两年后，她怀孕了，由于怕他担心，直到孩子出生，他才知道自己有了儿子。儿子发烧住院，她总是一个人背负面对。她想，除了徒然地挂念，遥远的他又能做些什么呢？不如让他不知，倒能安心待在部队里。

数年来，她侍奉老人，抚养小儿，一个人默默承受着家中的所有。流年里，孩子渐渐长大，她一天天老去。

有人劝她："你这样守着，值得吗？这么多年，他在外面，不可能一个人。"

"不，他就是一个人。"她声音虽轻，却铿锵有力。

那人摇摇头，说："傻瓜，男人跟女人不同的。"

她却从不怀疑。她相信自己的眼光，更相信丈夫的人品。她坚定地认为，只要两颗心在一起，时间没有什么了不起，空间也没有什么了不起。

每个月，他按时寄钱回来。除了必要的开销，她和儿子尽量节俭。过了几年，她如愿地拥有了自己的房子。晚上，邻家的女人聚在一起打麻将，她却安静地待在家里，陪儿子写作业、聊天、做游戏。从一年级开始，她每天教孩子写日记。除了特殊情况，每个周末都带儿子到大自然中呼吸新鲜空气。为了帮儿子学好英语，她硬是靠自学，掌握了英语从小学到初中的所有课程。在她倾心尽力地辅导下，孩子的成绩一直很好。他探亲回家，捧着儿子优秀的成绩单，眼睛乐得眯成了一条缝。

孩子上高中那年，他终于转业回城，推开家门，夫妻俩相拥而泣，哭着笑着，笑着哭着。他替她擦脸，她为他抹泪。

为了不让她太辛苦，他买了车，每天接送她上下班。晚上，尽量推掉应酬，陪她一起吃饭，享受小家的温馨。

然而，生活从来没有完美。40岁时，她突然患了中风，整个人瘫在床上，连大小便都不能自理。从此，他除了上班，所有的业余时间都守在家里。日复一日,年复一年,精心照顾她的饮食起居,陪她说话,听音乐,下象棋,努力让她康复。

其间,有年轻的女子试图向他靠近。他摇摇头,一颗心静静的,微澜不起。

面对朋友不解的目光,他淡淡地说:"与珍贵的相安厮守相比,那些随处可见的年轻漂亮又算得了什么呢?"

他想,近20年的时光啊!寂寞、孤单、无助,一定如同小兽的齿,日日啃噬着她的心。然而在漫长的等待里,她从未迷失过自己。她一直清楚自己要什么,更明白应该怎样做。如母亲所言,自己是何等幸运,竟娶到了世间少有的极品女子。

望着怀里熟睡的她,他的眼里,全是无际的疼惜。

握着她的手,他轻轻地说:"我也会用一颗安分的心,陪着你,数遍时光的每个角落。"

窗外,正是花好月圆时。皎洁的月光,流水般泻入,笼罩着两个相濡以沫的身影……

(清心)

最受欢迎的应届生

他叫刘辰，是一个年仅23岁的应届毕业生，再过一个月就要毕业了，面对严峻的就业环境，他压力很大。

他觉得自己实在没有什么过人之处。该找什么样的工作呢？如果能做自己最感兴趣的事情就好了。他是一个公交迷，北京市所有的公交线路他都了如指掌。从小学六年级开始，他就开始关注北京市的公交线路。哪条公交改线路了，哪辆公交车换车型了，他都会把它们记录下来。从上初中起，他就是同学们的出行顾问。无论谁想去哪里，他都能很快地回答出最便捷的公交路线。

就在他为找什么样的工作发愁时，机会来了。《非你莫属》节目组通过了他的申请，他可以到现场去求职。来到现场，他发现，果然有一家公司有适合他的职位——旅游体验师。可是，他的文笔不够好，恐怕不能把旅游的种种美妙感受表达出来。想到这里，他很担心。

主持人问他有什么才艺，他说："我是一个公交迷，对北京市的公交、铁路线路都有一些研究。"主持人来了兴趣，想现场考考他，于是问他："从国贸到旧鼓楼大街该怎么乘车？"他不假思索地回答："在国贸坐1路汽车，到天安门东，换乘82路，就可以到达。"主持人再问："那从国贸出发，到营慧寺呢？"他同样不假思索地回答："先坐地铁一号线，这样比较快。坐到五棵松站下车，然后再换乘运通113线就能到达。"

他的回答把台上十二位老板的情绪都调动了起来，他们开始争先恐后地向他提问。他有问必答，不但准确无误地按顺序报了一大堆地铁站的名字，而且还应一老板的要求，给一对情侣设计了一个在北京一日游的路线。

本来众多老总并没有打算招他进公司，可是他对公交的这种专注精神显然为他打开了各个公司的大门。老总们不仅不约而同地向他发出了热情的邀请，而且个个绞尽脑汁，在现场因人设岗，给他非常好的职位和待遇，只为留住这个人才。

最终，他选择了一家他感兴趣的公司。主持人问这家公司的老总："你给的薪水是不是太高了？"这个老总回答："专业的、执着的、优秀的人才，是无价的。"是的，无论在哪个行业，最缺的永远都是专注的人。专注的人永远不缺机会！正如一个老总说："很多用人单位不招应届大学生，不只是因为他们缺少工作经验。更主要的是，他们缺少一种精神，缺少一种专注和投入的精神。而他最打动人的，就是他的敬业和那种往里钻的专注。只要有这种精神，无论在哪个行业，都能干出一番成绩。"

有许多大学毕业生都在抱怨找不到工作，其实，老板们又何尝不知，作为学生，大学毕业生们缺少工作经验是很正常的事情。所以老总们更看重的，往往是这个毕业生对工作的投入度、专注度以及热情与激情。如果明白了这一点，我相信很多大学毕业生就不会抱怨自己缘何找不到工作了。

（张宏涛）

沿着青春一直走

那个时候，打青春走过，仓皇的背影掩饰不住逃跑时的落魄。还在这条路上走着，看一看这沿途的风景，就像不曾来过这世界一样。默默地，走在这条没有终点的路上，那深邃的瞳孔映出了远方。

万物依旧，世间涛走云飞，又是一季花开花谢。目光来来往往，脚步匆匆忙忙，迷失的是脚步，还是心灵？一个玄异的谜题，出题人也找不到谜底。该幻想吗？幻想光彩夺目的明天？该停滞吗？静待奇迹的出现？梦是没有帆的船，船又会泊在哪里的岸？俯首看这世界，走不到黑暗的尽头，神圣的光辉能否照亮迷失的路？而当人性的光芒熠熠闪烁的时候，纯洁的灵魂是在世界之内还是在世界之外？人只有在绝路上的时候，才会激发潜能，才会明白什么是美，什么是真。

简单的事物总是把一切都刻画得简单，每一个人都在预言，过去的只是伤痛，幸福就在眼前。但只要在脑海中闪过一丝凌乱，那个路口的指向标就会乱转，走上一条无法回头的路，丢失了自我，也丢失了信念。

风雨里的轻狂，把寂寞放在琴上，仰望着远方，弹响古筝的一刹那，也放飞梦想。把生命交给命运，把信念攥紧，血肉铸起的铜墙铁壁，坚不可破。汗水浇灌的树苗总有一天会长大。成长毕竟不是成熟，没有尺度的脚步。看一看身边的朋友，怕什么，只要有他们，不管前方的是什么，走下去。也许，各奔前程的背影会模糊不清，但是不能为了迷茫而放弃自己的道路，迈开稳健的步子，走自己的路。

（刘晓林）

梦想的力量

她考上了中国音乐学院学习古筝，可是学习古筝是父母的愿望，而她的兴趣却是文学。

大学毕业后，她争取到了留学的机会。第一次去美国，她拿着一个行李箱，站在曼哈顿的街头，由于英文不好，问了三个小时才找到学校。然而，当她去学校报到时，校长说："孩子，你回去吧！因为签证的原因，晚到的你已被人顶上了，所以我们无法再录取你。"她一次次固执地把那张存着学费的支票推过去，在那张校长的桌子上来回推着，最终还是没能留下来。

她拖着疲惫的身子准备返回，在曼哈顿的大街上，恰好遇到了COSMOPOLIITAN的终身主编。老主编已经七十多岁了，脸上沟壑纵横，但眼睛非常有光。她鼓起勇气用蹩脚的英语打了声招呼，并告诉老主编她想成为一名杂志人。老主编问她："你知道做杂志是为了什么吗？"她说了很多答案。最后老主编说："做杂志是要帮助人。"那句话刚落地，她就决心回去发展。

回国后，她走进了刚刚创刊的《时尚》杂志社。由于年纪小，没有经验，老板面试时问她："你想来做什么？"她说："你想让我做什么我就做什么，只要您需要。"老板说："我们现在办公的只是在一个四合院，非常小，我们一共七个人，你要想来，每天早上你必须来生炉子，中午要做饭？"她点头答应了。

上班后，她生炉子、抄信封、打杂、整理资料和广告催款。有一天，老板对她说："社里有一笔钱你把它催回来，在赛特大厦。"其实，她也不知道怎么催钱，但义无反顾地骑着自行车来到赛特大厦。在前台，她见到一位秘书说："你好，我想找你们经理。我是《时尚》杂志的，来催款的。"秘书都没正眼瞧她就说："等一下，经理在开会。"她没听懂对方的意思，就坐在前台等。秘书看不下去了，暗示说："经理不知道什么时候回来，你明天再来吧。"她说："不行，老板让我把钱要回去。"说完，她就在那儿一直坐着。秘书在她旁边说了几次，见她还是一直坐在那儿，也忍不住了，找到经理签了张支票递给她。老板惊讶地说："没想到你把钱要回来了。"她微笑着，默默地告诉自己：这个世界上没有事情是办不成的，只要你够勤奋、够执着。

后来杂志社有了发展，她也得到提升。她责任心重，喜欢凡事亲力亲为，每天开会、上班、见客户、跑场，一天只能睡四五个小时。有同事抱怨加班过多，她总是大度地安慰他们说："如果你把工作变成生活的一部分，你就没有那么痛苦了，如果你很喜爱工作，你会觉得工作也是休息，工作是娱乐，工作是学习，工作是对自己的锻炼，所以要坚持我们所热爱的工作。"

　　凭借这种精神，她升任为时尚传媒集团出版副总裁，《时尚芭莎》杂志执行出版人兼主编，成为中国目前最资深时尚杂志专业人士。她就是被人称为"时尚教母"的苏芒。

　　当被问及为什么能够成功时，苏芒说："梦想给我无穷的力量，不断奋斗、创造出美好的生活，也给我喜悦、骄傲，为我赢得别人的感激、长久的尊重。我想对所有的女士说，要做一个追梦的人。也许你从不知道梦想的存在，甚至你常常会怪梦想夺去了你多少浪漫的年华，可是，你从心里是知道的，梦想是你生活的基石，是你最坚强的后盾，梦想是你美好的未来，总给你无尽的希望，会随你的心一直到达生命的终点。"

(邹峰)

别折断小鸟的翅膀

街道组织了一场幼儿舞蹈比赛，参赛的小选手都是辖区居民的孩子。虽然不是什么正式的比赛，为体现公正，主办方还是邀请了几位专业评委，为孩子们评判打分。我的同事小卢，应邀做了评委。小卢是跑片记者，说是评委，其实主要是去采写报道的。

没想到，这样一场比赛，却引起了家长和孩子们的极大兴趣，报名参加比赛的孩子，有近百人之多。经过街道的初选，二十个小朋友进入了最后的比赛。比赛那天，孩子们在家长的陪同下，早早地来到了比赛场地。打扮得漂漂亮亮的孩子们叽叽喳喳、热热闹闹，到处都是孩子们的欢声笑语，不少家长也互相认识，热情地打着招呼。

五名评委坐成一排，孩子们按照抽签顺序，一个个进行表演。

比赛开始了。第一个上场的，是一个女孩子，表演的舞蹈是一段《酷酷舞》。在欢快的节奏中，小女孩翩翩起舞，旋转、跳跃、踢腿，每一个动作都干脆利落，赢得了评委热烈的掌声。第二个上场的，是一个男孩子，跳的是一曲《爵士操》。一招一式、有板有眼，举手投足都颇有小绅士的风采,评委们一致投以赞许的眼光。小卢也是不停地拍着巴掌,她几乎忘记了自己是评委,而完全沉浸在了孩子们的舞蹈中。

比赛继续进行。孩子们一个接一个上场表演,一个比一个精彩。如果不是亲眼所见,你简直不敢相信,这些平均年龄不到六岁的孩子,舞蹈都跳得那么好。第十六个上场的男孩子,跳的是一支名叫《我真棒》的幼儿舞蹈,欢快的节奏与男孩的劲舞融为一体。比赛结束时,男孩子还不忘向评委们深深一鞠躬,像极了一名训练有素的专业舞者。评委们报以微笑和掌声。

紧接着上场的,是个女孩子,脸憋得通红。一进场,音乐还没有响起,她就先跳了起来。跳了几步,才意识到音乐还没起呢,尴尬地停下,扭头看看外面,又怯怯地看看台上的评委们。音乐终于响起来了,小女孩似乎还没缓过神来,随着音乐的节奏,慌乱地起步,却怎么也踩不上节奏。小卢用眼睛示意她慢慢来,不要着急。小女孩茫然地转着圈,不知道是由于太紧张,还是因为舞蹈基础本来就弱,小女孩的舞蹈跳得越来越没有章法,就像一个被狂风吹得失去了方向而四处飘舞的树叶。

小卢扭头看看其他几位评委,想和他们讨论一下小女孩的表演。可是,小卢惊讶地发现,其他几位评委早就将头扭向了一边,各忙各的:一名评委在目不转睛地盯着自己手中的茶杯,一名评委聚精会神地玩弄着手机,一名评委闭目养神,还有一名评委干脆将整个身子倒向椅子，想要躺下来的样子……除了小卢，没有一个评委，在看小女孩的表演。小卢努力抑制着自己的情绪，问另外几位评委：小女孩太紧张了，没表现好，可不可以让小女孩平静一下，重新表演一次？其他几位评委一听，连连摇头：难道你没看出来，这个小女孩的舞蹈基础很差吗？她根本就不是跳舞的料。一名评委甚至提出，干脆让小女孩终止表演算了，她这个水平，反正什么名次也拿不到的。

"不！"小卢坚定地说，"不管她跳得怎么样，我们都应该让她跳完。而且，我想请大家能像看其他孩子表演时那样，注视着她，让她表演完。"说完，小卢将目光投回到小女孩的身上。

小女孩旋转着、舞着，有几次，小女孩的目光和小卢的目光对视，小卢看见，小女孩的眼睛湿湿的。

小女孩表演完了。小卢看着小女孩，为她鼓起掌来。小女孩向着评委席鞠了一躬后，跑向场外。小卢从虚掩的门缝中看见，小女孩扑进了一直等在场外的妈妈的怀里。小卢说，那一刻，她的眼睛忽然也有点湿润。

回到报社，向我们谈起这件事的时候，小卢的情绪似乎还不能完全平静。我们好奇地问她，为什么反应这么激烈？小卢没回答，却反问我们：你们知道我为什么不喜欢唱歌吗？顿了下，小卢告诉我们：其实，小时候她特别喜欢唱歌，走到哪儿，唱到哪儿，大人们都夸她是百灵鸟。有一次，参加一个小学生的歌唱比赛，因为太紧张，唱歌的时候有点跑调了。才唱了不到一分钟，评委忽然对她说，你不用唱下去了，就到这儿吧。小卢说，虽然那时候她只是个小学二年级的学生，但她恨不得找个地缝钻进去。从此以后，她再也没有唱过歌，直到今天。

他们曾经折断了一只"百灵鸟"的翅膀，我不想也折断一只鸟的翅膀。小卢说，虽然这只鸟长大之后未必能成为歌唱家，或者舞蹈家，但鸟儿的翅膀无论如何是不应该被折断的。

我感动于小卢的这番话语，更感动于小卢对这个女孩子的鼓励与关爱。如果我们每个人都能像小卢一样，去爱护孩子们的梦想，那么我想，也许未来真的会因他们的梦想而改变。

（孙道荣）

信仰如太阳

《"人性的治疗者"沈从文传》里记载，沈从文的姐夫田真一对沈从文说了这样一句话："既为信仰而来，千万不要把信仰失去！因为除了它，你什么都没有"。

沈从文，出生在自古尚武力湘西。湘西地域奇崛，风光旖旎，民风剽悍。12岁时沈从文高小毕业，成为民团军中秘书。那时的湘西，杀伐严重，目睹一幕幕惨痛的悲剧，常常使沈从文陷入对从军意义及人生前途的思索。最终沈从文因为厌倦了湘西的杀伐血腥而邃然离开，怀揣着一颗梦想的种子来到北平。没有职业，生存之窘日日困扰，可是他没有迷失自己而放弃那个蕴藏很久的文学之梦，苦苦追寻，以一颗顽强的心灵进行创作，将湘西的独特风情展现在读者面前，从而获得了"中国乡土文学之父"的美誉。

一个人没有了信仰，与行尸走肉何异？李景阳说："人要是光吃光睡，的确就界定在'动物圈'里不能出来，人来到这个世界，最终还要回到这个世界"。俗语说得好，物质对人而言"生不带来，死不带去"，人赤裸裸地来，赤裸裸地离开，金钱万物不过是过往云烟，最终都会在时间的记忆中化为尘埃与碎片，沉入历史的深处而平静如初。有信仰者可以青史留名，而无信仰者则像一粒沙尘，若作为人民的罪人无疑会遗臭万年。

惠特曼说："没有信仰，则没有名副其实的品行和生命；没有信仰，则没有名副其实的国土。"内忧外患的年代，正是因为有了一大批胸怀祖国、励志图存的热血青年的苦苦求索和不惧生死的振臂高呼，才迎来了华夏民族的涅槃重生。

信仰是生命之花，历经磨砺与挫折才会绽放出耀眼夺目的光华。信仰是力量之河，承载你的理想之舟，即使浪卷涛涌，跌宕起伏也难以撼动你的坚毅与胆魄。

信仰如一轮冉冉升起的太阳，不会畏惧乌云的遮挡，将自己的温暖奉献给万物生灵，一丛新嫩的小草，一轮悬于夜空的皓月，只要能触动你的心灵之波，摇曳出一道道的涟漪，从中感悟到人生的美趣与蕴涵，化为一种精神的力量，就不失为一种信仰。

要保持信仰，实应耐得住寂寞与孤独，抛弃浮躁与不安的心理。寂寞并不可怕，可怕的是寂寞之中失去信仰，如茫茫暗夜之中行走的人，只要心中装满太阳，黎明的欢笑就在前方。寂寞是衡量信仰坚定永恒的试金石，时间的打磨会闪烁璀璨的火花，它是一种精神的传递与宣示。我们有时候很怕孤独，喜欢喧嚣与浮躁，迷醉其间而自得其乐，将时间与热情荒废、埋葬，直到暮色夕阳才发觉那是一种咬噬人心的空虚与无聊，幽灵如一把无形的枷锁，你的青春被一点点地扼杀掉。

　　有信仰者不会畏惧孤独，夜晚独处一室，一手捧书，一手品茗，满室书香四溢，沉浸其间的欢愉也是一种信仰的陶醉。

（飘飞）

有梦想别忘了坚持

2010年，美国当地时间5月25日晚上7点39分，一部名为《超蛙战士》的3D动画片在好莱坞柯达剧院举行了北美首映典礼。这不是美国、日本等动漫大国制作的电影。这是一部完全由一位中国人历时6年呕心沥血精心设计、花费5000万元人民币的杰作。它打破了中国没有自己3D电影的历史，并且成为中国首部在北美上映的3D电影。

在首映典礼上，众多的掌声中，一名中国人自信地站在了主席台上，脸上露出了久违的笑容。他就是中国动漫电影制作大户——河马动画设计股份有限公司董事长徐克。

徐克，原来是学金融出身的，曾经有个让人羡慕的工作。但是为了拯救高度沉迷于日本动漫的儿子和为了开发中国人自己的3D动漫，他毅然放弃了复星集团投行部总经理的职位，转行改做动画电影。很多人都不理解他的做法，说他疯了，从令人羡慕的金融界半路出家去了一无所知的动画电影界。

动漫业对于一个学金融出身的人来说，无疑是一个门外汉，而且风马牛不相及。刚开始的时候，河马动画的创业之路也就理所当然地充满崎岖和坎坷。河马动画最先开始的时候，没有大方向，更缺少资金和人才，只好做些手机上的四格漫画，之后帮一些网站做小动画、小外包之类的服务来支撑公司的运转。好几次，河马动画都濒临破产的边缘，最后是徐克卖车、炒股、到处借钱才勉强躲过一劫。

面对此种惨景，徐克也曾经徘徊过，动摇过。但是他仍然相信直觉，他相信以后的3D动漫会很有市场，尤其是中国还没有真正意义上的3D动漫产业。于是他选择了坚持，他看好的东西，就会不顾一切地去想办法实现。

因为做动漫这行要有非常高的创新意识，因此他选人的标准也和一般人不大一样。在他的团队里，有很多奇人。一个医学界的手术科医生，因为共同的爱好，成为河马动画的一员。很难想象，一个之前拿手术刀的内科医生，现在却在河马动画的实验室里设计机器人模型。还有一个也是医学界的脑科医生，现在也成了他得力的团队合作人之一，他很聪明，指挥百号人打仗，心里不哆嗦，临危不惧，后来也加入了河马动画的团队。在公司里，游戏军团里的一半高管从虚拟世界全被他调到公司做现实版高管了，有甘肃的、马来西亚的，天南地北。

正是靠着这些志同道合、热情、有活力、有实力的年轻人，锐意进取、创新合作，全心全意致力于开发与传播中国3D技术及产品，致力于中国动漫文化的传播与普及，才走出一条全新之路。六年磨一剑，终于让中国的动漫电影有资格在北美市场上映。河马动画成功了。

谈到河马动画成功的秘诀时，徐克总会不忘说上一句："有梦想，别忘了要坚持下去，别轻言放弃，总有一天会成功！"

（鬼手佛心）

揣着愿望不必等流星

那个时候，小城里到处都是拉着行李车卖薄荷糖的人。

"薄荷糖，薄荷糖，清凉润喉，先尝后买，当场试验。"这是他们的统一吆喝。

他就是卖薄荷糖队伍中的一员，那是17岁那年的暑假，他已经抱定了经商的念头，打算就此和学校诀别。

他打算把第一桶金拴在卖薄荷糖上。于是，他也购置了一个行李车，在炎热的柏油马路上拉着，高声喊着一致的吆喝："薄荷糖，薄荷糖，清凉润喉，先尝后买，当场试验。"

刚开始，他还有些害羞，后来，毒辣的太阳把他的脸蛋晒得黝黑，他也顾不上这些了，扯开了嗓子兜售刚刚批发的薄荷糖。

那清凉清凉的薄荷糖啊，是多么解暑，他可以免费给顾客品尝，自己却舍不得吃一粒。他拉着行李车，慢腾腾地在街道上走着，东张西望地等待着自己的客户，却很少有人光顾。

大街上，百步之内就有一个卖薄荷糖的，这个生意在一开始做还可以，现在，僧多粥少，就那么大个市场。

为了改善局面，他开始把目光瞄向小巷。

这是一座历史悠久的文化名城，藏在小巷深处的多是机关单位，报社、电视台，还有图书馆，当他拉着行李车来到图书馆时，一个看门的老大爷叫住了他，买了他一袋薄荷糖，并和他攀谈起来。

"孩子，看你的年龄，应该还在上学呀？"

"是的。放暑假了。"

"真难得呀，暑假还想着锻炼自己，真了不起。"

"不是，大伯，我是不想上学了，我想做生意。"

"为什么？"

"我也想好好读书，将来当一位企业家，可是我家庭条件不好，我想通过做生意赚点钱，然后再读书，之后再达成夙愿。"

听了他的讲述，看门老大爷陷入了沉思，他说："这样你看行不行，从今以后，如果你还上学，课后可以到这里来看书，如果你决定从此继续卖薄荷糖了，这里依然免费向你开放。"

他眼泪汪汪，不知说什么好。

老大爷摸着他的头，和蔼地对他说："我年轻的时候，也和你一样心怀梦想，我的梦想是做一名图书馆馆长，后来，我一直等这个机会，但是，好运似乎并不光顾我，我只能做了图书馆的看门人；后来，我的儿子大学毕业后，帮我圆了这个梦想，他成了新一任图书馆馆长，而我，还在看门。儿子有一句话，说到了我的心坎上，儿子说，很多人都拥有梦想，怀揣着梦想，何必非要等待流星飞过呢……"

那年夏天，在小城的大街小巷，总有人看到一个黝黑的小伙子，拉着行李车走着吆喝叫卖，那就是他。

暑假过后，他返回了学校，用卖薄荷糖的钱交了学费……

十五年后，当年那个小伙子，成了当地著名的企业家，他开了一家服装加工厂，主要招收下岗工人进入他的公司。同时，他还鼓励自己的员工做家庭作坊，自己做老板。

他最喜欢给员工说的一句话就是：其实，老板是等不来的，没有流星，愿望一样可以实现……

（李丹崖）

在内心种下两颗种子

2011年6月10日,一则新闻同时在山东各大媒体发布。30岁的临沂大学校友李海鹏向母校捐赠1000万元,庆贺母校70周年华诞。以个人名义在地方性大学设立1000万元的助学基金,这在国内尚属首例。"拿出1000万元为临沂大学设立助学基金,在企业内部和我家里都有不同声音,而我感觉这里曾帮助过我,是我成长的地方,所以就坚持了下来。"捐赠仪式结束后,山东鹏宇控股集团董事长李海鹏这样解释。李海鹏不是"富二代"他的父母都是农民,也没有什么家族背景,他凭借自己的努力和坚持,创造了一个"80后"创业者的奇迹,创业十年,让十年和两亿画上了等号。

李海鹏在贫困的东营农村长大。由于家境贫寒,几亩薄地的收成既要维持一家五口人的日常花销,还要供李海鹏和两个姐姐上学,一家人的日子过得紧巴巴的。李海鹏很懂事,从小穿姐姐穿过的旧衣服,一放学就帮父母干活。10岁那年,父亲深有用心地开始教小海鹏撒花生种子。父亲告诉他,一定要把种子撒到沟里,并且要把两颗种子放在一起。他疑惑不解,抬起头问父亲为什么?父亲擦去满头汗水，抚摸着他的头："孩子，只有两颗种子挨在一起，两颗花生发出芽来才能相互支撑，缠绕着向上生长，形成强大的生命力，抵挡自然界的风雨。"

父亲的话就像花生种子一般，深深地种在海鹏的心灵深处，他更加努力地读书，他相信，自己可以改变自己的命运，改变家庭的命运。2000年，李海鹏考入临沂师范学院历史系，由于家庭困难，大学第一年的8000元学杂费、生活费，还是父母东拼西凑借的。在校期间，李海鹏一边学习，一边利用业余时间兼职，但刚开始时并不顺利。有一次，他在临沂一家家政公司打工，被派到了一个有钱人家去打扫卫生。那人要求非常严，一而再、再而三地要求返工。他从早上9点一直干到晚上8点，一点点地擦，一点点地清洗，累得腰都直不起来了。一天下来，一口水也没喝，本来说好给50多元钱，最终那人还是以擦得不干净为由仅给了30元钱。李海鹏有些委屈，但想到这是自己用劳动挣得的第一笔钱时，他告诉自己：坚持下去！

为了锻炼自己和挣学费，李海鹏有时需要一天做好几份工。有一天，打完第三份工，已是晚上12点多。当时雨下得特别大，豆大的雨点打在脸上，就像敲鼓一样疼！由于没带雨衣，他全身的衣服很快就湿透了，裹在了身上。路面的积水没过了自行车的脚蹬子，自行车就像是惊涛骇浪中的一条小船，歪歪斜斜地前行。当再一次被狂风刮倒时，不服输的李海鹏咬着自己的下嘴唇，扶起自行车，对着瓢泼大雨大喊："努力，梦想一定会发芽，我一定要成功。"

2001年，他用挣来的钱买了一辆二手出租车，简单装饰后就租了出去，最多时他曾买下七辆出租车营运。就这样，李海鹏在别的大学生还伸手向父母要钱的时候，就已经有了一份稳定的收入，不仅可以自给自足，还可以反哺父母。

利用寒暑假，李海鹏到北京、上海、深圳等地的企业锻炼，大大开阔了他的眼界。后来他利用积攒的40多万元钱，同别人合伙在深圳开了一家汽车装饰品加工厂，用工达到200多人。2004年大学毕业时，李海鹏没有像其他的大学生一样考研或者考公务员，而是选择了自主创业。他利用闲置资金，在临沂开了一家火锅店，主营火锅、烧烤和特色菜。2006年火锅店还被评为"临沂市十大火锅名店"。随后他又逐渐涉足文化、投资、建筑装修等行业，逐步完成了资本积累。

变则通，通则久。竞争激烈的行业，眼光必须转变得快，这是对成功者的基本要求。从创业至今，李海鹏涉足过几十个行业。近两年，他开始收缩战线，化零为整。2009年，他在菏泽创建了占地200多亩的公司。2010年，他又将企业总部搬到了济南。今年5月份，企业改制成了控股集团，旗下有十几家企业，核心业务以投资担保为主，总资产达到七八个亿，年销售收入十多亿元，刚刚而立之年的李海鹏担任了董事长，如今他又开始筹划企业上市的事情。2011年年初，由《法制晚报》联合创业之家网站，历时半年调查，制作了2010年中国"80后"青年创富榜，李海鹏以2.1亿元资产位列第27位。

有志不在年高，无志空活百岁。经历虽然颇具传奇色彩，但坐在记者面前的李海鹏，瘦瘦的身材，戴副眼镜略显书生气，并没有想象中财大气粗的样子。"小时候种花生的经历对我的创业影响很大，让我骨子里有了一种干事业的激情。只要明确方向，坚持不懈，人人都能成功，收获属于自己的丰硕果实。对于大学生，在校期间要好好学习，勤于参加社会实践，毕业后创业要有明确的规划和定位，要永不言败。"

也许，在每个人的心中，都曾有这样的两颗宝贵的花生种子——一颗叫梦想，另一颗叫信念。李海鹏正是凭借它们的支撑，给梦想合适的土壤，给信念浇灌滋润的水分，这才让种子发了芽，开了花，结了果。所以最后，毫无悬念的，他成功了。

（露醉梧桐）

梦想需要接近地气

一个15岁的男孩，为了逼迫父母出钱赞助自己学习音乐当歌星，于是割腕自杀、离家出走，最后，流落到收容站，彻底中断了学业。

还有一个是45岁的中年男人。在繁华城市的城乡接合部，住十平方米不到的出租屋，每天为了生存，苦苦挣扎。他与那个男孩唯一不同的是，每天早晨，在熙熙攘攘的锅碗瓢盆交响曲中，他，臂膀上搭一条白毛巾，端着帕瓦罗蒂的姿势，高歌一曲《我的太阳》。

同那个15岁的少年一样，中年男人40多年来，心中始终都藏匿着一个瑰丽的音乐梦。所不同的是，这一路走来，他的音乐梦融化成血液流淌在琐碎平凡的日子里。而那个少年的音乐梦，却马上就要被个人的固执和莽撞所戕害。

更大的不同之处还在于，中年男人的音乐梦只是为歌而歌。而那个少年，他的终极目的怕不是音乐，而是舞台之上炫目的烟火以及舞台下沸腾的粉丝和无边的名利。

一个15岁的少年尚有机会从弥天大梦中醒来，而这个世界上还有一些人，中了梦想的毒太深，等到迷途知返的时候，才知道，积重已然难返。

我认识一个流浪歌手，年过三十，一直矢志不渝地在皇城根下做着北漂，全部的生活来源皆出自女友拮据的工资和寡居妈妈那点可怜的退休金。女友想结婚，哪怕裸婚，只要他有个正常的职业即可。妈妈想看到儿孙绕膝，哪怕他一事无成，只要他能够懂得脚踏实地便是幸福。女友与母亲的这点最简单最基本的要求，流浪歌手却都不能满足。他一再叫嚣：我距离成功只有半步之遥了，为什么你们就没有耐心等待？

在所有梦想狂人的眼里，只要他愿意等，梦想总有一天会施与怜悯和恩宠。可梦想不是慈善家，永远不会因为哪个表现得过分可怜就悲天悯人地给予关怀。它需要的从来都是板上钉钉的成功份额，比如才华，比如勤奋。

但奢谈梦想的同时，首先应该区分开，梦想和渴望的不同。世间所有人都热望名闻利养，可名闻利养远不是梦想。真正的梦想是无关名利的一份美好，当事人从中能得到的，不只是形式上的愉悦，更是灵魂上的满足。

还记得多年以前，央视报道过一个来自西安某山区的女人的故事。那个30岁的女人从小到大的梦想就是走出大山，像个职业女子那样去生活。可彼时的她，有需要照顾的老公，有嗷嗷待哺的孩子，还有大片的需要打理的农田。走出大山的梦，对于一个没有受过太多教育的山里女人来说，不仅遥不可及，而且也不现实。

为梦想，心动不如行动

十年之后，我再次看到了这个女人的故事。此刻的她，满脸都是骄傲和满足。她没有走出大山，却在距离村子几十公里远的县城做了一名售货员。成为都市白领的梦，散了，但取而代之的，却是更贴近生活更具现实感的圆梦的风景——她终于看到了山外的风景，也终于有了自强自立的平台。

所有梦想都像高高飞在天空的风筝，是一直仰头看着风筝越飞越远，还是尽可能地拉回奢望的线，让梦想接近地面，具有踏踏实实的烟火感，这是所有人都有可能面对的人生命题。毋庸置疑的是，梦想只有接近地气，才能更具有生气和活力。这份勃勃生机的营养与厚重，只有地气能给，也只有脚踏实地才能行得通。

（琴台）

幸福就是找到自己的心

走在这个城市的路口，看着那些高耸入云的豪宅，或者是残破不堪的活动板房。看着那些开着大奔跑车的老板，或者是骑着破三轮的打工仔。看着身边熙熙攘攘的人群和川流不息的车辆，我终于发现，人总是要有一个孤独的过程。纵使你身边有一群吆五喝六的朋友，纵使你此时已有一个美满的家庭，纵使你此时位高权重，你也难免在某一个时间里，如此孤独。

某个下班后的傍晚，一个人走在路上。突然想给爸爸妈妈打个电话，问他们是怎么养活我的？在这个物欲横流的年代，他们如何撑起一个家，如何培养一个上大学的女儿，如何给了我宽裕的生活？我开始尊重我的父母，虽然他们不能给我现实中太过富足的生活，虽然毕业后我必须还要自己去闯荡，去创造我的人生。可是，这种慢慢衍生的责任感和压力感，却也让我有所思考。记得有这样一句话：成熟，就是你明白了有你值得害怕的事情。是的，长大了，不能再横冲直撞，不能再肆无忌惮，我们怕了。怕没工作，怕工作没做好被老板骂，怕这个月的房租、水电费没有着落。甚至，那些曾经呼朋唤友的洒脱也没了。

你会有很多想法，会不安于现状，会去羡慕别人的生活。你有了一样东西以后，会想着要去追求另外一样东西。人的不快乐，很多时候都源于自己的欲望。山水之间的怡然自得，并不是山水有多美，而是山里的人不会去贪恋城市的喧嚣。

淡泊，并不是我们这个年纪应该有的心志。拼搏，才是我们该有的精神。我们总归是要工作。总归要走出那种衣食无忧的生活。古诗云：不以物喜，不以己悲，非淡泊无以明志，非宁静无以致远。我喜欢淡然的人，那种不惊不乱的气质可以震慑人的内心。这种淡定并不是指学会了如何去掩饰自己的真实状态，而是你内心的宁静。顺，或者不顺，你都是那么坚定地做你自己。在你的心中，有自己的原则和支撑，你知道你想要的是什么。那不是掌控了自己的心，反而是顺应了自己的心。

很多人为了生活而生活，却忘了自己孜孜不倦奋斗一生的方向其实仅仅是为了幸福。

（刘凤）

每个人都有一个自己的舞台

他拘谨地站在我的面前，脸上带着憨憨的讨好的笑，不停地搓着双手，显得局促不安的样子。我犹疑地看看朋友，朋友看出了我眼中的困惑，拍拍他的肩膀，对我说：他是我工地上最好的水电师傅，漏水那点小事，保准他手到擒来。

家里卫生间滴滴答答漏水，已经很久了，找过物业，找过家政，都没找到症结。朋友听说后，向我推荐了一名水电师傅，夸他手艺如何如何好。可是，站在我面前的这位，样子看起来就木木讷讷，老实得连话都说不利索，他能行吗？

走进卫生间。他放下工具，蹲下身，侧耳倾听。我也在他身边蹲下来。滴滴答答的漏水声，若隐若现，忽大忽小，飘忽不定。然后，他站起身，手拿一把小木锤，这里敲敲，那里捣捣。我对他说，以前来过几个师傅，也是你这样四处听听，敲敲，捣捣，最后，到底是哪里漏水，却没找出来。话里是对他的做法，也不信任。他只是轻轻哦了一声，头也没抬，继续一块块瓷砖敲过去。忽然，他在墙角的一块瓷砖前停下，弯下身，将耳朵紧贴在瓷砖上。我张开嘴，想告诉他,那个拐角,别人也检查过了,没问题。他摆摆手,示意我别出声。倒指挥起我来了,我没好气地瞥了他一眼。听了一会儿,他直起腰,语气坚定地对我说,就是这儿,下面水管破裂了,需要将这几块瓷砖都敲了,才好修。真是这儿吗?要将瓷砖敲了?是的!他的口气不容置疑。"如果你确定,就这么干吧。"

  他挽起袖子,从工具包里,拿出小榔头、凿子,开始敲瓷砖。没想到,一干起活,他就像彻底换了个人一样,完全没有了刚见到我时的拘谨、木讷和局促。只见他左手握着凿子,右手挥动榔头,一锤锤准确有力地敲打在凿子上,在凿子的重击下,瓷砖一块块碎裂,飞溅。汗水很快布满了他的脸,他浑然未觉,继续有节奏地敲打着。一会儿,埋在地下的水管暴露了出来,只见水管拐弯接头处,正不停地往外渗着水。他抹一把脸上的汗珠,又露出了憨厚的笑容:你瞧,问题就出在这儿。症结还真被他找到了。得把水阀关了。我闻声赶紧跑到厨房去关总水阀。他指指水管说,这个水管弯头老化了,必须更换了。我点点头。找几块干布给我,将水擦干了。我忙去找干抹布……当我将抹布递给他的时候,他忽然有点尴尬地笑笑:"不好意思,把你当徒弟使唤了。"我笑着摇摇头:"你这么辛苦,我也出不上什么力,递递东西,是应该的。"

  他继续专心致志地埋头干活。我无所事事地垂手站在一边,他的神情如此专注,如此投入,如此专业,仿佛不是在修理一截漏水的水管,而是在做一件什么了不起的大事情。我忽然意识到,也许对他来说，这就是他的舞台，只有在这个舞台上，他才有可能成为主角。也只有站在自己的舞台上，他才会显得那么干练，那么自如，所有的拘谨、木讷、局促，以及仿佛与生俱来的自卑感，都瞬息离他而去。

其实，每个人都有这样一个属于自己的舞台。

单位边上有个停车场，收费员是个四十多岁的农民工大姐，平时看到她，都是一脸卑微。可是，当指挥一辆辆汽车停进车位的时候，她的声音忽然变得坚定而响亮，指挥的动作，特别准确、到位、有力。这个从未摸过汽车方向盘的中年妇女，在她的舞台上，气定神闲，像个指挥千军万马的将军。

我的一位老乡，在小区边上开了一家小吃店，他生性内向，讲话还有点娘娘腔，很多人看不起他，可是，他家的小吃，却是这一带味道最好的，尤其是他做的拉面，又细又匀又有劲道，回味无穷。而看他做拉面，更是一种独特的享受，一揉、二拍、三甩、四抛、五拉、六盘、七飞、八削，一招一式，无不充满阳刚之气，力量之美。在他的舞台上，他的这一连串"表演"，简直让人眼花缭乱，气吞长河。

与那位水电师傅一样，他们都是为了生计，从遥远偏僻的乡下，来到了城里，在繁华的城市街头，他们往往局促而无措，可笑而笨拙，憨厚而木讷，显得与周遭的一切那么格格不入。可是，请不要轻视他们，那不是他们有什么错，而仅仅可能只是，没有给他们提供一次机会,一个舞台。我们经常在这样的地方看到他们的身影:嘈杂的工地、混乱的菜场、轰隆的车间、肮脏的马路、黑臭的下水道……对他们来说,那也是舞台,而只要有一个舞台,他们就总是努力将这个角色演绎得最为精彩。

因为,在他们心里,也有一个舞台,也有一个主宰自己人生的梦想。

(麦父)

别让抒情死去

一位母亲一直反对孩子看那种"有抒情倾向的文章和书籍",翻开一本书,只要看到一段"感情流露太强的文字",她就决不允许把它放到家里的书架上,更不允许孩子沉浸其中。她喜欢孩子去阅读理论性质的书籍,包括杂文、时评之类的文章,而诸如跟数学、物理、化学相关的书籍,她在购买和推荐时几乎称得上毫不犹豫……

她之所以这样做,是因为她认为在竞争如此激烈的时代里,一个人太有感情不是什么好事。因为多愁善感会影响一个人的竞争力,会让一个孩子变得怪里怪气、傻乎乎的。

听了这位母亲的解释,我真的不知道对她说什么好了。因为我在阅读时,恰恰要看那本书是不是感情饱满,能不能让我变得柔软、感动乃至落泪。我也一直希望自己成为感情丰富的人,在写作时能够做到情感的自然流露;结交朋友时,也是这样。感情贫乏的人肯定不能吸引我,更不能走到我的内心深处。我重感情甚至重过其他,一个理智到冷漠的人,我觉得他恰恰丢掉了最宝贵的东西。

所以,我一直认为一个人有情感比没有情感好,情感丰富比情感贫乏好，情感也许不会成为竞争的利器，但它一定会成为涵养生命和心灵的湿地；它不教人争名争利争位争成功，但它一定会引人向真向善向美，"让我们获得生命感"。要我向孩子们推荐读物，抒发人类共有情感的作品和书籍一定不会缺漏，更不会有意识地回避；我甚至会坚持教育孩子们成为一个深情的人，而不是在竞争中变成一个冷漠的人。

　　这位母亲的看法其实也代表了现在很多人的看法，一个感情丰富的人在今天确实会遭到莫名其妙的嘲笑。有人认为他傻，也有人认为他矫情。人们怀疑、嘲笑、排斥和打击人类的感情也是有原因的，比如说竞争越激烈，人们能够把握住的东西就越少。当他们感到外部世界变化太多、不可靠时，就不可能坦诚地"抒情"，就不可能对外人"动之以情"。再加上理想的幻灭、想象力的衰竭、对大自然的远离等，一些人不信任感情甚至贬低、压抑和伤害它就不难理解了。感情被贬值和荒漠化的表现，正如《论抒情之九死一生》中所写："人们每天都在呼喊，却没有人倾听；人们兴高采烈地讲着段子，却不能从段子中获得深刻的开心；人们有时也会流眼泪，因为悲惨的新闻或煽情的偶像剧，却再没有从脚踝升到心脏的伤心。"这显然不是鼓舞人心的事情，更不是什么让人获得幸福感和安全感的事情。一个不能倾听个人内心的时代必然不是什么好时代，因为它会导致这个时代的心灵，几乎都是懒洋洋毫无生气，麻木毫无触感。而当人们把自己的生命都献给了竞争和速度时，生命的意义、生活的乐趣也就丧失了，灵魂也只能在身后追赶得气喘吁吁、如泣如诉了。

"抒情正在死去"，事实当然没有这样悲观，因为生命永远离不开真情实感，情感始终幽居在每个人的生命当中，这也是"野火烧不尽，春风吹又生"的事情。一个人越压抑情感，情感就越想复活、越想洋溢。我们所要做的诚如沈从文讲的：将浓厚的感情安排得恰到好处，即使简简单单、随心随意的拼合也可见生命的蓬勃。

（羲水羽衣）

给梦想一次绽放的机会

一江春水，向往着汪洋，才能搏击山石，击起壮美的浪花；一点星光，梦想着闪亮，才能钻出暮色，与月争辉；一颗种子，怀抱着绽放的梦想，才能香醉春风，最终织出一抹春的希望。

每个人都曾以梦想为名，埋下希望的种子。有的人以汗水做墨，勤奋做笔，描绘着梦想的纹路，最终摘得成功的荣光；有的人面对挫折、荆棘，轻易地扼杀了梦想的幼苗，最终沉入时光的洪流，终身庸碌无为。沿着时光的长河逆流而上，抚摸着历史丰碑上的印迹，我发现，只有勇于坚持梦想的人，才能最终问鼎辉煌。

追古忆今，看司马迁身受宫刑之苦，却拒绝好友让他隐姓埋名的建议，他坚持着自己写一部"集史家之大成者"的书，面对乡党的不齿与蔑视、世人的指点与议论，他在人生的漫漫长路上"上下而求索"，最终写成"史家之绝唱，无韵之离骚"的《史记》，在文学史上留下浓墨重彩的一笔；看巴尔扎克坚持着"拿破仑用剑没有完成的，我要用笔写完"的与资本主义腐朽作斗争的梦想，笔耕不辍，最终使《人间喜剧》成为文学皇冠上的明珠；看曹雪芹那独上红楼，梦断千秋，最终使读者体会到"满纸荒唐言，一把辛酸泪"。这些独领时代之风骚的人物正是因为敢于坚持自己的梦想，才到达成功的彼岸。

沿着时代的印迹一路前行，我发现只有敢在逆境中为梦想奋斗，才能领悟人生的真谛。当霍金随着病情加重而卧床不起时，面对众人的叹惋，他说："我的思想还在运动。"正是以梦想为灯塔，他勇敢地与病魔作斗争，写下了《果核里的宇宙》《时间简史》等书；转过身来看钱学森，正是为了一个"使祖国工业繁荣"的梦想，他突破外国势利的重重阻挠，重新回到祖国的怀抱，为我国的核武器和核工业的发展作出了巨大的贡献；看爱迪生秉承让光明进入千家万户的信念，才最终在双耳几近失聪的情况下点亮人类的第一盏电灯。

"理想是养料，它能让生命更强壮"，伏尔泰如是说，正是这些人给予梦想开花的机会，才最终推动了历史车轮的运转，反观现在社会上一些庸庸碌碌的蚁族，只为生计奔波，不问梦想，终难成大器；看某些花季少年，因学习受到挫折，而把梦想深藏心里，选择自暴自弃，这些现象不正告诉我们，只有勇于实现梦想，才能使自己的人生与众不同。

诗人席慕蓉曾言："梦想是一棵会开花的树。"也许它现在弱小，微不足道，但只要给予它养料，给它一次开花的机会，它最终将在你的生命里绽放出不一样的精彩。

（陈硕）

春天里的种花人

春天姗姗来迟。我走在熙熙攘攘的人群中，却不觉得热闹。本该是青春年少、活力无限的我，反而觉得每一个细胞中都充斥着累。累的不是起早贪黑、两点一线的高中生活，而是心，那颗挤塞了大多情感与压力的心。

"呀！快看，那儿有好多花！"旁边的珊低呼。向来不喜形于色的珊难得激动，我好奇地顺着她的手看去，高高低低的树下，此时弥漫的是一片艳丽的色彩，刺痛了我那习惯了冬日灰白的瞳孔，我舍不得眨眼睛，要知道我可是很久没看到过这么明丽的色彩了。那是有序排列的几百盆杜鹃花。正值花期的它们燃烧一般地绽放着，绚丽多姿。

再走近，一朵朵花清晰了。花是五瓣的，花瓣边缘的颜色较浅，顺着中心逐渐加深，这样由浅入深却是正好。上面的盛开，下面的待放，一些花苞在花丛中探头探脑，仿若婴儿在打量着这个世界，可爱极了。叶子却是较少的，点缀在层层花朵中，更添花的袅娜与风致，目之所及都是鲜活的。

再走近，我索性蹲在花丛中。周围全是花，我自己也似乎变成了其中的一朵。微风吹来，拂开迷雾，心里顿时清朗，我一下子得到了力量，仿佛真的要如花绽放了。

岁月里，我无法做那时光中永远长不大的孩子，唯有回忆时时涌来。还记得去年，学校组织我们种下了这些花苗，种下之后，我们用心地呵护了它们一季。可春去后，花谢了，我们的热情也随之冷却了，这些花便被匆忙的我们抛到了脑后。许久不见，不曾想被移到这隐蔽的角落。想当初我们是多么开心地种下它们，挽起袖子，毫不顾忌地直接用手捧着泥土给它们培土，细心地照看它们。此时，退去的热情一下子都回来了，我站起来，奔走在花丛中，像鱼一样游着，自由自在地满是欢欣。

忽然想到"意外的美才是最美"，不可否认它是对的。当时图新鲜好玩种下的花，在缺少关爱和呵护的情况下竟悄悄地灿烂起来，多么让人惊喜呀！假如我们在种下花苗后一直呵护并期待着它们，那么现在看着它们的盛放，不知还会不会一样忘我地欢喜了，应该不会吧！

心在这一刻竟不觉得累了，因为心在此时已经抛下了一切，只余满满的欢喜。平时，总是太注重所谓的结果，而忘了该一切随意、一切随缘。我就如这样的一个栽花者，时刻惦记着栽下的花苗能否开花，总害怕它们不能如期绽放，一直焦虑着。我把自己交给了焦虑去支配，却也逐渐失去了那面对父母、老师殷切关怀的勇气、那坦然面对成败的勇气和那面对真我的勇气。内心里没有一刻的平静，怎能不累呢？

　　我想我该努力了，努力做一个随缘的栽花者，只是开心地种下花苗，开心地体味和收藏为它们浇水、翻土的乐趣就够了，不去担心它们是否会开花。这样花开花落，就能平静面对，就能时刻开心而满是希望，去拥有那"花开花落，我依然会珍惜"的境界。

　　眼前摇曳的花似乎在微笑着诉说什么，告诉我要坚定地把焦虑踩在脚下，笑对世事纷扰，面朝太阳，春暖花开，沿着那真正欢乐的方向，获得重生与绽放。

（朱玉芹）

人生不会被注定

那年那月,我们四姐妹从五湖四海聚到一所普通的大专学校的文秘专业。

入学第一天,小小的305寝室里,四个人谈起刚过去的高考,每个人的语气中都充斥着淡淡的忧伤。原本的高考志愿里,这所学校都是随手填上去的。

两年时光,飞逝而过。毕业后,四姐妹再聚首,已是十五年后。当年的青涩已消退殆尽,十五年,岁月在各自的生活里留下了什么?

大姐去了一家保险公司,磨破了嘴皮子拉业务。"最初去那里干时,没有任何经验,一切都是从零开始的……"老大絮叨着她做保险业务的经历,听得我心里直发酸。我在想,换作是我,我能面对那一次次冷脸的拒绝甚至是恶言相向吗?我可以背着包,在夏天的烈日、冬天的寒风中去敲开一家家客户的门吗?要知道,读书时候,大姐是宿舍里脸皮儿最薄的一个,平时跟人说句话都脸红。"没办法,总要生活下去,只能靠自己去闯。"她真的闯出来了,现在的她,已是一家保险公司的业务经理。

二姐改行做了会计。当初读大学时，因为理科成绩不好，才选择文秘专业。毕业后，发现这一专业真的没有多大用处。写写记记，在办公室处理下电话文件，不需要文秘专业毕业生。所以，老二在毕业后的几年里，报考了武汉某大学的财会函授班，每年要在那两座城市之间来回奔波，直到函授毕业，直到她能得心应手地处理单位上的财会事务。

三姐的经历最为曲折艰难，她竟然在几年的时间里考下了注册会计师。最初毕业，在偌大的南京城里打工，拿着可怜的薪水，租窄小的房子，也领受着别人的风言冷语，就连一向待她不薄的男友也开始对她产生了怀疑，那样子下去，他们如何在那个城市里扎根？老三发起狠来很吓人，她决定要为自己选择一个专业，作为永久的事业。她选了注册会计师。选择那个行业的动机，说起来很好笑，因为它只需要考五门。后来，老三才知道，为了这五门功课，她要付出怎样的代价。连高数都没学过的她，要面对那一纸密密麻麻的公式数字，直发晕。没有老师，那些课程根本看不懂。没关系，她买了远程教学的软件放到MP3里，上下班的公交车上，她耳朵里塞着耳塞，一遍听不懂听两遍，两遍听不懂听三遍，直到她把那里面老师讲的内容一字不落地记在脑子里。"你们不晓得，那两年，我用掉了多少支笔芯，一个星期，十八支！每天晚上学到凌晨两点……那两年我写过的草稿纸装了几麻袋。"曾经的苦难，已变成今天成功的垫脚石，如今她已是一名业务熟练的注册会计师，接不完的业务。

她是充实而快乐的,如她所言,她找到了自己喜欢的事业。

四姐妹里面,说来惭愧,我是最没有专业的一个。在农科所窝了几年,然后嫁人,跟随老公来部队,做起了自由撰稿人。这些年,在家有了大把的闲余时间读书、写字,看着自己的作品变成铅字飞到大江南北读者的手中,我的心里,亦是充实幸福的。

回首我们走过的路,发现一个很有意思的现象,那就是,我们当初在学校里读的专业,毕业后真正以它为业的人寥寥无几,我们当初在大学里学的那点儿东西,毕业后真正用上的也少得可怜。可我们还是要感谢那两年的大学时光,因为在那里,我们彼此相识,因为相识,我们后来才明白,谁的人生都不会被注定。命运、未来,与学历无关,它实实在在的,掌握在你的手心里。

(梅寒)

请尊重我的选择

在我们的人生当中，会面临各种各样的选择。有的人常常会打着"为你好"的旗号来左右别人的选择。我也曾经多次遇到这样的情况。

高三那年的夏天，高考结束之后是估分，比估分更令人痛苦的事情就是填报志愿。我喜欢写作，希望自己以后能够成为一名写尽人间疾苦的作家或弘扬人间正义的新闻记者，因此我一心想要报考大学的中文系或新闻系。

可是，父亲却希望我报考法律专业，因为我家里有一个北大毕业的博士后叔叔学的是法律，父亲希望我能够像叔叔那样成为一名律师。他搬出了叔叔来说服我，叔叔跟我讲了这样一个道理："律师、作家和记者，都可以为社会主持正义，但是律师的作用更直接、更有效，而且律师的收入会更高。同样都可以实现你的理想，为什么不选择收入更高的职业呢？"

那时候，我既不想违背长辈的要求，也不想违背自己内心的意愿。怎么办呢？我想了一个"曲线救国"的办法。我在第一志愿填上了我根本不可能考上的一所名牌大学的法律专业，而在第二志愿的四个平行志愿当中，填了三所根本就不缺生源的名牌大学的法律专业，在最后一个志愿上，我填下了一所西部大学的中文专业。

结果正中我下怀，我被那所西部大学的中文系录取了。我所付出的代价是：本来我可以上一所更好的大学的，父亲一直不知道我当初在志愿表上所做的手脚。我记得收到录取通知书的时候，父亲是一副恨铁不成钢的表情，好像已经认命了："唉，这孩子这一辈子就这样了！"

庆幸的是，我并没有就此自毁前程。因为喜欢写作，我在大学期间就发表了不少文章，还当上了学校校报通讯社的社长。毕业后，就做起了自己喜欢的工作，从记者到编辑，我逐步实现了自己当初的梦想。

年少的时候，我不懂得要求别人尊重我的选择，因此走了很多弯路，幸好后来又回到了自己想走的路。当我长大后，我才学会了对别人说这句话："请尊重我的选择，即使在你看来我可能错了。"

不久前，我在一所特殊儿童学校做义工的时候认识了一个朋友，这个朋友是一个"生命动力课程"的学员，他们到这里来是为了进行"生命的体验"。后来，这个朋友经常给我发短信、打电话，热情介绍他们的"生命动力课程"有多么好，说她参加完这个课程之后，人生彻底被改变了，觉得自己的生命质量大大地提升了。

刚开始的时候，我对这个课程表示出了兴趣，可是我又在想：

"我究竟需不需要给别人3000元，然后用三天时间去听别人来教育我人生应该如何呢？"我想我不需要，关于生命和人生的答案，是需要自己去思考、探寻的。

于是，我委婉地拒绝了那个朋友，表示对自己的生活方式很满意，不希望参加那个课程。然而她仍然锲而不舍，时不时地给我发短信，盛情邀请我去参加他们的课程。我在拒绝了几次之后，认真地对她说："请尊重我的选择，即使我的选择在你看来可能是错的。但是我喜欢现在的生活方式，我喜欢这样活着。每个人都有权利选择自己的生活方式，你没有权利要求我必须要像你那样去生活。"

从此，再也没有收到过这个朋友试图说服我的短信。

一个人真正的成长，其实是从内心的独立开始的。如果现在你也面临着选择，如果有人要求你放弃自己的选择，那么，你是否会勇敢地对他说出这句话：请尊重我的选择！

（朱茂文）

后　来

　　人有梦想是多么好的一件事啊！想想都会很开心。

　　但若真的提起来，后来又成了一团理不清的乱麻：存折上的数字好不容易达到了首付线，房价却又往上提了一大截，是继续观望还是毅然背上债务这个沉重的壳呢？新房子虽然住进去了，每月的房贷却压得人喘不过气，离还款结束还有十多年，生活质量大幅下降，房奴的日子何时才能熬到头？小孩子看上去有个聪明脑瓜，可读书不肯好好用功，一路下来过不了关斩不了将，以后若考不上好大学、找不到好工作，可真令人心焦。是顺其天性发展，还是实施高压政策？当年低眉顺眼的温柔女子如今天天作河东狮吼，是继续在沉默中消沉，还是在沉默中爆发……每个问题都很纠结，都很哈姆雷特。

　　那么就把后来先搁到一边，暂时不予理会吧。曾经有一句很流行的话，叫活在当下，诚恳地告诉我们昨天已经作废，明天无法把握，只有当下才是真实的，值得拥有的。我确实很想深刻地体会一下活在当下的滋味，于是屏声静气，静候着当下。是的，现在我已经在当下了，可它却不容我深切地感受到拥有，因为它已经随着时钟的滴答声，流到过去去了，就像我曾经在沙滩上掬起的细沙，我多么想握住它们，但它们最终却从我的手指缝悄无声息地溜走了。

刘若英曾在一首歌里这么唱道："后来，终于在眼泪中明白，有些人，一旦错过就不再。"其实，等到明白的时候已经不是后来了，知道错过的时候也不是现在了。

过去、当下和后来是个完整的沙漏，所有的后来最终都会变成当下，所有的当下都会成为过去。所谓后来，竟是一切的开始，当下和过去竟然都源于那个虚无缥缈的后来。

但别忘了，后来是可以勾勒的。试着不要被风光的现在所左右，不要被忧伤的现在所困扰，不要被窘迫的现在所禁锢，也不要活在过去的回忆里。学学小孩子，用期待的心去勾勒一个你想要达到的目标，然后，努力！随着滴答滴答的声音，它一步一步地接近你，最终变成了当下。

确实，这很像一个游戏。一个个的梦想，一截截的光阴，把它们连接起来，就构成了一个个完整的人生。

（立夏）

忘记你的试用期

我对琳达说,巴克莱公司来电话了,叫我下周去上班。琳达欣喜若狂地吻了我一下,叫我一定要努力。我嘴上答应,心里却跟打翻五味瓶一样。

在我们营销系同学眼里,巴克莱就是一块光鲜的鸡肋。说它光鲜,是因为它早已名扬四海,实力没的说,可有经验的师兄告诉我,巴克莱派头很大,别的公司试用期最多一个月,它则是半年。如果不合格,六个月后便要卷铺盖走人。所以,系里同学戏称巴克莱为鸡肋,越来越多的同学选择抛弃。

可我还是决定去一趟,不是想当英雄,而是临近毕业,其他简历石沉大海,巴克莱公司是唯一伸出橄榄枝的。

奔赴巴克莱,除了那份六个月的合同之外,并没有什么令我不满。人事主管很看重我似的表情说了一句:"好好干,公司不会亏待你!"

废话,在堂堂巴克莱公司,一个新人敢不好好干吗?但要说不亏待,那完全是客套话,六个月的试用期,可不是三两天的买卖,要不是公司可以暂时解决吃住问题，我才不会在这里做一份没有保障的工作。

不满归不满，但从上班的第一天开始，我便不敢有丝毫懈怠，严格说来，应该是不好意思，因为这次招聘的不止我一人，其他十来个听说有来自剑桥和牛津的，人家为了能在六个月后继续签约，可谓废寝忘食，我总不能独个儿跷着二郎腿一边闲着吧！

日子过得是昏天暗地。总经理前来视察，满脸微笑，说，不错，我们会选择最优。这话等于一剂催心针，大家更拼了，为了不让自己大丢脸，我也毫不犹豫地跟着上，尽管完全不是他们的对手。

巴克莱的六个月，我一直处于下风，所以我觉得压力很大。等到快要到期了，我无奈地打电话给琳达，告诉她所有的一切，我不想女朋友看我笑话，质问我为什么被赶出来了，我得事先让她理解，都是巴莱克的错。

然而，在巴克莱公司，我终究还是闹了个天大的笑话。那天，我完全忘了六个月合同已到期，按事先约定所有试用工要主动找经理谈话的，可我竟傻傻地一大早去了曼彻斯特谈业务，等第二天回来，经理已去法国出差，引得同事窃笑不已。

据说，一起来的试用工表现都不错，经理几乎挑不出什么毛病，我竟然错过了如此良机，看来活该失业。看着别人兴高采烈地在等续约，我懒得理他们，只想一个人静静地完成曼彻斯特这笔业务，然后走人。

可是，一个星期后的通知让所有人大跌眼镜，伟大的巴克莱竟然要和我续约，而且，只与我续约，他们白干了半年。经理解释说，只有每天都把自己当作试用工的人才有资格待在巴克莱。

经理很欣赏我能在180天后还坚持工作的精神，所以把我留下。但我明白，自己并不是真的愿意永远做一个试用工，而是那天记错了日子，当然，这话只能跟琳达讲，在经理面前，我决定从头再来，以新的姿态演绎每一天。

（萨斯基亚·里斯特　谢素军）

每一个成功者都是行动家

曾听过这样一个故事,说的是印度有一位知名的哲学家,善于思考,气质高雅,因此成为很多女人的偶像。

某天,一个女子来拜访他,表达了爱慕之情后说:"错过我,你将再也找不到比我更爱你的女人了!"哲学家虽然也很中意她,但仍习惯性地回答:"容我再考虑考虑!"

事后,哲学家用他一贯研究学问的精神,将结婚和不结婚的好处与坏处分条罗列下来,结果发现好坏均等。究竟该如何抉择,他因此陷入了长期的苦恼之中。最后,他终于得出一个结论:人面临抉择而无法取舍的时候,应该选择自己尚未经历过的那一个。不结婚的状况他是清楚的,但结婚后会是怎样,他还不知道,他觉得应该答应那个女人的请求。

哲学家的思考终于有了结果。他来到女人的家中,问她的父亲:"您的女儿呢?请您告诉她,我考虑清楚了,我决定娶她为妻。"女人的父亲冷冷地回答:"对不起,您来晚了十年,我女儿现在已经是三个孩子的妈妈了!"

哲学家听了，整个人几乎崩溃。他万万没有想到，他向来引以为傲的善于思考的精明头脑，最后换来的竟是一场遗憾和悔恨。

哲学家太自负、太依赖于自己的思想，却忽略了另一个重要的因素——行动。

有句话说得好：闻道者百，悟道者十，行道者一。意思是说，许多人都听说过的道理，未必都懂得；懂了的道理，未必能付诸实行。这也告诉我们，懂得道理容易，付诸行动却很难，真正行动起来更是难能可贵的。

确实，环顾四周，我们会发现，不少人想成功、想赚钱、想人际关系好，可是从不行动；想健康、想有活力、想锻炼身体，可是从不运动；知道要设目标、定计划，但从来不去做，就算设了目标，定了计划，也不曾执行过；要早起、要努力，可就是没有付诸实行。就这样，一天一天抱着成功的幻想，虚度了年华。

不行动，怎么可能会有结果呢？每一个成功者都是行动家，而不是空想家；每一个赚钱的人都是实践派，而不是理论派。

生活有一条法则：有些事你要做随时可以做，要见也随时可以见到，有些事你一生也许只会有一次做的机会，或者遇到的机会，要是你希望见到又能做这件事，你必须抓住那个机会，否则良机一去不复返。

在日常生活中，有许多应该做的事，不是我们没有想到，而是我们没有立刻去做，时间一过，就把它忘了。

不少人兴趣来了，常常会给自己制订很多美好的计划，比如要去充电、要去健身、要去旅游等等，但等兴趣过了，又沉迷于日常的忙碌之中，忘记了计划的执行。一直等到很长一段时间以后，才猛然想起自己还有很多计划在抽屉里睡着大觉。

其实这些人不是不想做，主要是不太善于管理自己的时间，再加上缺少紧迫感，于是在日常的忙碌中将美好的计划一推再推，有时也就错过了实行的最好时机。

还有些想法或计划，拖着拖着就错过了最佳的落实时机，等到再想起来做的时候，心里便不由自主会产生一种"现在才去做，会不会太晚了"的迟疑，这一迟疑和犹豫，想做的事也就不了了之了。

每一个渴望成功的人，最为重要的是要养成"想到就立即做"的好习惯。"想到就立即做"是一种习惯，是一种做事的态度，也是每一个成功者共有的特质。

什么事情一旦拖延，你就总是会拖延，但你一旦开始行动，事情就有了转变。凡事及时行动就是成功的一半，第一步是最重要的一步，行动应该从第一秒开始，而不是第二秒。

行动的人改变世界，及时行动的人才容易获得成功。韶华易逝，不管你的计划制订得多么完美，但如果没有"执行"这一环节，最终也只能是空想。所以，当我们决定要去做某件事情的时候，千万不要找理由磨蹭，也不要人为地禁锢自己，只要低下头去干就是了，记住：行动是金！

（章剑和）

做个好人挺简单

品行优秀的人是好人,如焦裕禄,如雷锋,如孔繁森。实事求是地讲,这样的好人很少,做起来也不容易。可是只要我们退半步,或者一步,不图"优秀",而求"良好",做个品行良好的好人还是挺简单。

好人与人说话好声好气,语调柔顺,态度温和,不因高高在上就盛气凌人,不因地位卑微就摇尾乞怜。

好人做事有益于别人,不为小利蝇营狗苟、机关算尽,由于心中能想着与人方便,于是自己也处处方便。

好人时时刻刻留给别人一张好脸,和悦的表情叫人心无芥蒂,心情舒畅,于是得到更多张好脸的回报。

好人从不刁难别人,有事好说,有话好讲,即使难以帮你解决困难,你也会对他有好感。

好人不爱看别人的笑话,更不会做出落井下石的举动,哪怕你是他强劲的竞争对手。

好人一生无愧自己,也无愧他人,因为他襟怀坦荡,光明磊落,从不工于心计，从无害人之心。

　　古人说："勿以善小而不为，勿以恶小而为之。"做个好人不一定非要做出惊天地、泣鬼神的壮举不可；做个好人更多的时候只体现于一点一滴的端正品行之中。

　　一个上年纪的老人横过马路，你无须下车来搀扶，只要刹刹闸让他放心大胆走过去，你就是个好人。

　　一个过路人的衣袋里掉出一件东西，你无须为其拾起，只要高喊一声"前边的人掉东西了"，你就是个好人。

　　一个游客东张西望分不清方向，你无须带他找到目的地，只要指给他东南西北，你就是个好人。

　　一个窃贼入室盗窃别人财物，你无须赤手空拳与之搏斗，只要及时地盯住他或者打个报警电话，你就是个好人。

　　一个人打错电话到你家里，你无须为其担忧找不到正确的电话号码，只要不骂他是"混蛋"，你就是个好人。

　　一个十字路口没有警察，你无须理会闯红灯的司机，只要你遵守交通规则，约束自身行为，你就是个好人。

　　做个好人如此简单，又如此容易，千万别把它看作是赴汤蹈火，或者抛头颅、洒热血。另外也不要为了做个好人而做好人，做好人一定要是发自内心的。

（蓝静露）

走近社会

我这里所说的走近社会，是对中小学生讲的我这里用的"近"是靠近的近，而不是进入的进。因此，这里面就有一个把握分寸的问题。

我主张，孩子们应该在学习课堂知识之余要随时靠近社会，聆听社会的信息，关注社会的变化；不然的话，只知道死读书、读死书，一旦长大成人进入社会时，会像一个刚刚从灯火通明的宫殿里一下子跨入没有光亮的室外的那种情形，会有一种伸手不见五指找不到北的感觉的。很多实例告诉我们，有不少在学校品学兼优的学生正是在这一段适应与不适应社会的阶段中栽了大跟头。另外，我认为，如果在学习之余，多读书多关心时事新闻，利用休假多做一些社会调查，这样，视野会更开阔，获得的信息量会更多，用在学习上会更能增强主动性，减少盲目性，定会起到事半功倍的效果。

我是在六十年代末到七十年代初完成中学学业的。当时我在全校美术最好，一直是学校壁画、板报、展览的主创人员并得以与当时老四届第一批返城而又未能找到工作的老大哥们在一起创作、生活。我当时一方面学习他们美术书法方面的经验,另一方面也从他们时而海阔天空时而深沉凝重的聊天中感受着社会的本来面目,并时不时地加入讨论甚至争论与他们一起谈人生、谈社会、谈理想。回想起来,那时的生活和学习是充实的,正是这些老大哥使我第一次听到了"社会"这个字眼儿。那时,在一群脸色黄绿、满脸沧桑但精神饱满的艺术青年中也夹杂着一张面色粉红,整天洋溢着欢笑的大家都亲切地戏称为"懂得多"的男孩子。正是从那时开始,我对美术、朗诵、声乐的学习更主动、刻苦了。因为我知道,在那个年代努力成为画家、演唱家、播音员,会改变自己的生存空间和社会地位。也正是从那时我开始了在艺术道路上比同龄孩子提前得多的冲刺,并真真正正地尝到了甜头——1977年在1000多名考生中脱颖而出入选北京人民广播电台播音部开始了我的播音、主持生涯。

  在这里我还要和我的少年朋友们说,走近社会是对的,但在无人指导下过早地进入社会是不妥的。为什么这样说呢?因为社会是复杂的。很多成人朋友包括我自己在内都会有过这样的经历:刚刚毕业开始工作的时候,你会觉得很多学校里学到的做事原则行不通了。见到同事明明做错了事,你直言不讳地批评,过后你会觉得受到孤立;别人在你面前议论别人不好,你还没敢表示什么,很快就会变成是你议论的;洁身自好吧,大家又会说你高傲、不合群等。

(董浩)

羚羊和狮子为何竞相迎着太阳跑？

有这样一个故事：在非洲大草原，每天清晨羚羊睁开眼睛所想的第一件事，就是我必须跑得更快，否则我会被狮子吃掉。而在同一时刻，狮子从梦中醒来，首先闪现在脑海里的一个念头是：我必须跑得再快一些以追上更多的羚羊，要不然，我就会饿死。于是，几乎是同时，羚羊和狮子都一跃而起，迎着太阳跑去。

这是一幅美丽动人的图画，但它又不仅仅是一个单纯的故事，而是生活的写真。这个故事使我想起了单位领导讲述的两位长辈的经历。前者是个下乡知青，返城后进了机关，由于文化基础好，很快被提拔为一名科级干部。然而，天有不测风云，正当他对机关工作充满无限希望的时候，却弄出了一次意想不到的工作失误，给许多人带来了利益上的损害。那以后，主要领导和有些同事对其几乎完全失去了信任，工作环境迅速恶化，人际关系异常紧张，工作很难正常开展，性格耿直的他承受的压力可想而知。何去何从？他在思索。是沉沦还是奋起？在人们逼视的目光重压之下，他选择了做一个强者的道路：考上大学争取更大的发展机会。从下定决心的那一刻起，他就把全部的精力投入到了紧张的备考之中。一年后，他终于以较好的成绩被一所学院录取，人生出现了可喜的转折。然而，进入高校之初，他发现自己的学业与同学还有很大的差距，他再次感受到了压力。学业落后于人，如何能实现自己的梦想？于是他再次奋起苦学，四年后毕业时他终于以优异成绩被留校任教，从此他走上了做一名学者的道路，几年后学有所成的他又被美国一所大学录取为留学生，当他再次回到学院时，则当上了学院的院长。当年一起共事的同事相聚时，他感慨万端：如果当时没有遇到那样的压力，也就没有他的今天。

　　后者是一个工人，在一个通信机务站上班。那是20世纪70年代末期，他爱上了城里一名干部的女儿。尽管俩人有心相爱，但女方的父母坚决不同意，原因是他文化程度太低。为此，女方的父母有意为难他说："你要娶我们的女儿，除非你考上大学。"在当时，女方父母的这道律令，的确给小伙子出了一道难题。为了不让女方的父母轻看自己，他发誓一定要考上大学。然而，一个整天与机器打交道的工人，已是多年未拿书本，考大学谈何容易？可喜的是，压力又一次创造了奇迹。经过两年见缝插针的超强度复习，他终于考上了省城一所著名的大学，并成为学业优秀的佼佼者，到今天他已经成为一个相当级别的领导干部。

　　记得当时听完领导讲话后，大家都有几许难以抑制的兴奋与愉悦。人们似乎在想：我的生活中有压力吗？我该怎样对待压力呢？

压力造成强者，压力促成自新，压力诞生成功，这是羚羊与狮子的故事给我们的重要启示，也是我从身边人事的变迁中得出的重要结论。读过1999年第10期《做人与处世》上那篇《下岗女工竟拿了文学大奖》的人，一定都对那个叫牟鄂的下岗女工敬佩不已。也许很多人津津乐道的是牟鄂小说获奖的传奇色彩，而我感受最深的，却是她在生活的巨大压力之下，勇往直前敢于向命运抗争的不屈精神，她用自己的行动，阐述了生命的哲理。

由此我想到，当我们抱怨这抱怨那的时候，只能说明我们还没有真正感受到压力的存在。可以想象，在非洲草原的无情竞争中，羚羊没有时间也容不得它去抱怨狮子的残忍，而狮子纵然是百兽之王，却也本能地知道如果只是抱怨羚羊跑得太快而不采取行动超过羚羊，最终只能望"羊"兴叹。同样，如果牟鄂没饱尝找工作的艰难，没有遇到"长活儿干不成，短工又不顺"的困惑与压抑，如果尚能维系家庭的收支而不至于奔波劳顿，也许就没有她那篇获大奖的小说。

可见，压力之于人生，并非坏事。没有压力，就没有动力。压力能激发人的潜能，压力能鼓起人迎接挑战的勇气。不为压力压垮，在压力之下奋起，才是生活的强者。

前几天，一位在某热门行业工作的朋友，毅然辞去了令社会上许多人眼红的有较高固定收入的工作，只身闯入上海，加盟浦东一家网络热线。他谈起在新工作岗位的感受时说，在浦东的压力肯定比原单位大，许多东西都要靠自己挤时间学。但是，正因为压力大，才逼迫自己学到了更多的东西，知识更新非常快，自身的提高也非常快。如果不能做到这一点，就要被淘汰。而在原来的单位，几乎是日复一日地重复单调的工作，知识的调整在几年内都难以实现。朋友原来的单位在一个山谷之中，由于地处较偏，工作上与外界接触不太多，生活在那里很难真切感受到外部世界激烈竞争的火热气息，加之所在行业待遇比较好，所以，长期在那里生活的人，几乎感觉不到生活的压力。当某些待遇一旦发生变化时，人们就感觉不习惯。这种现象是思想和智慧停滞化的表现，原因恰恰是因为缺少压力。据说，动物在动物园里养久了，就渐渐失去了凶猛的野性，鸟也飞不起来了，老虎也不敢向羊进攻了，这不也是缺少生存压力所致吗？卡耐基说，成功的第一个条件，就是他必须生活在穷人家里。我想，他所指的是穷困家庭的生活压力，更易于造就一个成功者。这似乎也印证了中国的一句古诗：自古雄才多磨难，从来纨绔少伟男。磨难与艰辛给人生带来了巨大的压力，每当此时，看似前方无路，但只要有勇气向压力挑战，战胜压力，定会柳暗花明又一村。压力是客观存在的，它不只属于弱者，强者也会有压力。明知有压力却视而不见，这是自欺者懦弱的体现；敢于给自己增加压力，这是强者自新的明智之举。既然压力不会因你的脆弱而远走高飞，不如勇敢地面对压力，像羚羊和狮子一样，当清晨醒来的时候，毅然向灿烂的朝阳奔跑，去迎接每一个新的太阳。

（张贵平）

你把自己用好了吗？

某部机关有位参谋，在副营职岗位上干满了3年仍未提升，原因是素质较差，工作平平。但他不从自身找原因，而是责怪领导没把自己用好。对此，领导反问他一句："你把自己用好了吗？"这一问令这位参谋无言以对，陷入了深深的自我反省中。

类似情况并不少见。有些同志业务上不去，荣誉没份儿，不是自觉地从自身找原因，而是怨天尤人，甚至发牢骚、讲怪话，好像挺受委屈似的。但仔细做个分析，其原因还是在自己身上。因此，我们不能怪上级没把自己用好，而是要从深刻的自我反省中，增强先把自己用好的自觉性。

先把自己用好，就要树立自我培养意识。一个人的成长进步，固然离不开上级的教育培养，离不开周围同志的关心帮助，但起主导作用的还是自己。上级培养是外因，自我培养是内因，只有在自我培养的前提下，把二者紧密地结合起来，才能促进自己不断进步。实践证明，机会总是青睐有准备的头脑。只有自我培养意识强，各方面素质好，当上级在准备使用自己的时候，才能水到渠成，达到上级决定、工作需要与个人志愿的统一。

先把自己用好，就要勇于在艰苦环境中锻炼自己。环境对一个人的考验和锻炼是最直接、最现实的。越是艰苦的环境，矛盾集中、困难突出的地方，越能锻炼人、考验人。一方面，环境艰苦能够磨炼人的意志，增强战胜困难的勇气和信心，这是成就事业的重要条件；另一方面，环境艰苦能够更多更快地积累经验，使自己变得成熟。一个有志于成就一番事业的人，就应该积极主动地到基层去，到艰苦的环境中去，吃别人吃不了的苦，挑别人挑不了的重担。只有这样用好自己，才能既苦其心志，磨炼意志，又积累经验，施展才华，使自己得到全面发展和提高。

先把自己用好，就要事事处处起模范带头作用。作为一名党员和干部，其形象如何，模范作用怎样，不仅关系到自身的形象和威信，而且关系到党组织的战斗力和单位的形象。因此，先把自己用好，无论是学习还是工作，都要勇于带头，作出示范；无论是平时还是关键时刻，都要严于律己，率先垂范；无论是对人还是对己，都要坚持原则，不讲私情。只有这样，才能使自己成为召唤部属的旗帜，立于队前的标杆，才能不令而行，令行禁止，各项工作也才能得到较好的落实。特别是作为领导者来说，用好自己是用好部属的前提。先用对了自己，用好了自己，才能谈得上会用人，谈得上指挥千军万马。

先把自己用好，具有深刻的内涵和实际意义。意识到并自觉做到这一点，就会变等着上级提拔为加强自我培养；变盯着位置干为盯着事业干；变怨天尤人为自我激励，在不断的自我反省中认识自我，在不断的自我约束中完善自我，不断进取，为党和人民作出应有的贡献。鉴于此，我们应常问自己：我把自己用好了吗？

（向贤彪）

不要让人偷走你的梦

那是我们刚刚踏进初中校门的第一节课,我的班主任——全国优秀教师黄玉梅老师给我们讲了这样的一个故事——

两年前她随国家教委组织的几位优秀教师出国交流学习。这天,他们和一大批孩子在美国的圣伊德罗牧马场活动。正游戏时,牧马场的主人蒙地·罗伯茨来到他们中间。他对孩子们说:"知道我为什么要邀请你们来我的牧场吗?我就是要向你们讲述一个故事,故事的主人公同样也是一个孩子。"

——孩子的父亲,是位巡回驯马师。驯马师终年奔波,从一个马厩到另一个马厩,从一条赛道到另一条赛道,从一个农庄到另一个农庄,从一个牧场到另一个牧场,训练马匹。其结果是,儿子的中学学业不断地被扰乱。当他读到高中,老师要他写一篇作文,说说长大后想当一个什么样的人,做什么样的事。

那天晚上,他写了一篇长达7页的作文,描绘了他的目标——有一天,他要拥有自己的牧场。在文中他极尽详细地描述自己的梦想,他甚至画出了一张大的牧场平面图,在上面标注了所有的房屋,还有马厩和跑道。然后他为他的房子画出细致的楼面布置图，那房子就立在那个梦想牧场上。

他将全部心血倾注到他的计划中。第二天，他将作文交给了老师。两天过后，老师将批改后的作文发还给他。在第一页上，他看到老师用红笔批了一个大大的"F"（作文等级最高是"A"，"F"是最低的），附了一句评语："放学后留下来。"

心中有梦的男孩放学后去见老师问："为什么我只得了'F'？"

老师说："对你这样的孩子，这是一个不切实际的梦想。你没有钱。你来自一个四处漂泊居无定所的家庭。你没有经济来源，而拥有一个牧场是需要很多钱的，你得买地，你得花钱买最初用以繁殖的马匹，然后，你还要因育种而大量花钱，你没有办法做到这一切。"最后老师加了一句："如果你把作文重写一遍，将目标定得更现实一些，我会考虑重新给你评分。"

男孩回到家，痛苦地思考了很久。他问他的父亲他应该怎么办，父亲说："孩子，这件事你得自己决定。不过，我认为这对你来说是个非常重要的决定。"

最后，在面对作文枯坐了整整一周之后，男孩将原来那篇作文交了上去，没改一个字。他向老师宣告："你可以保留那个'F'，而我将继续我的梦想。"

讲到这里，蒙地微笑地对孩子们说："我想你们已经猜到了，那个男孩就是我！现在你们正坐在我的牧场中心的大房子里。我至今保存着那篇学生时代的作文,我将它用画框装起来,挂在壁炉上面。"他补充道:"这个故事最精彩的部分是,两年前的夏天,我当年的那个老师带着30个孩子来到我的牧场,搞了为期一周的露营活动。当老师离开的时候,她说:'蒙地,现在我可以对你讲了,当我还是你的老师的时候,我差不多可以说是一个'偷梦的人'!我那些年里,我偷了许许多多孩子的梦。幸运的是,你有足够的勇气和进取心,不肯放弃,以致让你的梦想得以实现。'"

"所以,"蒙地说,"不要让任何人偷走你的梦!听从你心灵的指引,不管它指向的是什么方向!"

故事讲完了,黄老师对我们说:"同样,我不会偷走你们任何人的每一个梦,相反,从今天起我要为同学们的任何梦想发挥起推波助澜的作用!"

(张二)

绝处逢生上海轮

1997年春，我满怀憧憬来到三亚，心顿时就凉了：在信中自称已是一家网络公司的高薪白领，说要帮助我成为百万富翁的刘涛竟是骗我来搞非法传销的。我怎么也想不到仅仅三年不见，曾经是那么纯朴、善良的刘涛就在金钱的魔力下变成了另外一个人。面对我的怒不可遏，刘涛没有一点愧疚，反而振振有词地说："我是念及往日高中同学的情面才给你这个发财机会的。你看我来海南才短短两年，身上穿的，手里拿的，哪样不是名牌？你只要敢像我这样去骗，以后每月也可以拿八九千块钱，甚至更多……如果你也睡过露天广场，吃过香蕉皮，就会放下清高的架子了。什么高尚呀、正直呀、创造自我价值呀，都是书本上讲的骗人的鬼话！实际一些，出来混，不就是图个'钱'字吗……"

当天晚上，"公司"把我们十几个刚刚被骗来的年轻人集中在一间小黑屋里，他们针对年轻人急于成功的心态，让数位"成功人士"现身说法给我们洗脑，并逼迫我们每人交出5000元钱买传销产品。此后很长一段时间我们都过着"监狱式管理"的生活，"经理"说只有我们出"成绩"了才会让我们自由活动。两个星期后,"学员"们大都难以忍受煎熬和金钱的诱惑,纷纷写信、打电话给自己的亲朋好友,想骗他们过来发展为自己的"下线"。但良心不允许我这样做,在一个阴雨绵绵的深夜,我终于越过高高的围墙逃出了那家"网络公司"。为防止更多的涉世未深的人跌进那帮骗子布防的圈套,我以一名年轻党员应有的社会责任感,向公安机关举报了此事。放下电话,我很欣慰,想到今后的前途却又感到茫然。

接下来我成了找工作的机器,但像我这种仅有高中学历的退伍兵,想在特区立足着实不易。不久我便成了两手空空的流浪汉,孤独而饥饿地徘徊在车水马龙的三亚街头。其实一个人真的到了只求一碗饭吃的时候,前面的路也就宽了。两天后一个偶然的机会,我在海边发现了一些蹬着滑板挖螃蟹的渔民,他们在退潮时蹚趟过宽阔的海沟,踏上泥滩寻找大海的恩赐。没有丝毫犹豫我就加入了这支队伍,因为这至少可以养活自己。第一天我几乎是空手而归,还摔得满身都是污泥。但很快我便熟能生巧了,我置了新滑板,生活也有了保障。

有一天我的运气特别好,抓了好多螃蟹,直到快涨潮了才发现周围已没有了嘈杂的人声。我驾驶着滑板拼命往岸上跑,快到岸上时猛然听到身后传来急促的叫喊声,我回头一看,发现有个十二三岁的少年由于太紧张,身体掉下滑板陷入了沼泽地般的泥滩中,因为陷得太深,年小力弱的他已无力自救。我没有多想便调转头向落难少年滑去。由于这男孩儿的身体已下陷了一大半,我脚下的滑板又左右乱晃,我试了几次也没能把他从泥浆中拉出来,自己却一个劲地在稀泥滩上摔跟斗。

涨潮了,一个浪跟着一个浪涌来,不一会水就漫到了那个少年的胸部。我心里越发着急,如果不能在短时间内救出这个男孩儿,我俩都会葬身海底!也许人到极限的时候都会"急中生智",我忽然想到把两块滑板各放在一只脚下就能够使身体保持平衡,接着我攒足了劲,终于把男孩儿从稀泥里硬拉了出来。我们以最快的速度逃到了海岸上,当我们瘫软在地上时,海水完全涨起来了。

原来这个淘气的少年是在放学后偷偷扛着父亲的滑板来的,事后孩子的父亲热泪盈眶地握着我的手说:"若不是碰上兄弟你,他小子的命准没了。"当这个爽直的渔民了解到我的窘境后,一拍胸脯说:工作的事包在大哥身上!第二天他把我领到停靠在码头的一艘巨轮上,就这样我"阴错阳差"地当上了月薪1100元的水手。

北太平洋历险

我们这条渔轮叫"鸿吉"号,是当地海洋渔业公司旗下18艘渔轮中最大的一艘,仅水手就有26名。1997年9月中旬,"鸿吉"号开始了本年度第二次出海远航作业,这时距我上船仅仅半个月。这天黄昏,天空飘着毛毛细雨,渔轮上一排排千瓦一盏的诱鱼灯将码头照得雪亮。渔轮在令人揪心的送别哭声中缓缓离岸,向着无边无际的大海驶去……

最初几天我的心里充满了喜悦，碧蓝的海水，清爽的海风，可爱的水鸟，湛蓝得不掺一点杂质的天空，无不令人心旷神怡。然而数日后我就领教了晕船的滋味，"鸿吉"号刚过济州岛就遇上了8级大风，小山似的海浪一个接一个地袭来，渔船时而左右摇晃，时而上下起伏。我开始感到恶心、头晕，我不停地剧烈呕吐，心、肝、肺好像都吐出去了，等吐到最后，黄色的胆汁都再也吐不出来了。那时的感觉，只能用"万念俱灰"四个字来形容，我真想跳进大海里死了算了……

艰难的适应期总算过去了，但"鸿吉"号还要在无边的海面上行驶一个月的航程。每天船员们总是聚在一起喝酒、打牌、侃女人，在辽阔无边的大海上漂的时间长了，人的性情、脾气会变得很坏，吵嘴、打架也成了一种发泄的方式。其间我简直成了专职的"劝架员"，每天被这些汉子搞得苦不堪言。

"鸿吉"号终于在北太平洋的一个大渔场抛锚了，水手们欢呼雀跃。经过两个多月的苦熬和摸索，我终于掌握了捕鱼的技巧，渐渐赢得了同事们的尊敬。这天"鸿吉"号接到一个兄弟船的消息：在距我们400海里处有一渔场渔情极佳！于是我们立即起锚驶向新渔场，但不久海面上突然刮起了9级大风，气温也降到了零下10摄氏度。为了不错过这千载难逢的机会，我们仍然顶着风浪前行。突然一个5米高的巨浪猛地打上甲板，紧接着又是一个巨浪，几个船员正挣扎着左摇右晃时，第三个巨浪又袭来了，扑向一名叫汪洪军的水手，他立即被卷入大海。

霎时，令人心悸的警铃声、呼救声、杂乱的脚步声、海浪声交织在一起，回荡在北太平洋的夜空。几只救生圈扔了下去，但立即被汹涌的海浪冲走，很快便消失得无影无踪。船上的人心急如焚，却又毫无办法，因为下海的船都有一条不成文的规矩，遇到这种情况，一般不提倡跳下去救人，无数残酷的事实告诉人们——落难者和救人者十有八九是有去无回的！不被淹死，也会被冻死。然而我难以接受这种残酷，眼睁睁地看着一个朝夕与共的同事就这样被大海夺去生命。我来不及多想，抓起一个救生圈就翻过船舷，奋不顾身地跳进巨浪翻滚的北太平洋，在空中滞留的时候，我只听到甲板上一片"啊"的惊叫声。

下水后，冰冷的海浪一下子把我举了起来，又一下子抛出几丈远，我赶忙把救生圈抛向汪洪军，可他早已精疲力竭，抓了几次都没抓到。于是我用潜泳的姿势游到他身边，当我的手终于触到他的身体时，精神不由一振，赶快挟紧他向渔轮游去。但我刚游出两米，一个滔天巨浪又把我们推到了距"鸿吉"号更远的地方。如此三番五次，我已没有一点力气了。但船上的同事们仍不停地向我们呼喊，不停地向我们抛着救生圈，看到这些，我没有理由不坚持着。终于一个闪耀着生命之光的救生圈飘到我们身边，生死攸关的一刻，我拼尽最后一丝力气抓住了救生圈。我让汪洪军浮在救生圈上，我则用两只脚蹬着水,手推着救生圈向渔轮游去。这时船上的同事又向我们抛过来一根海锚,我们两个人紧盯着这根生命之索,汪洪军拼尽全力终于抓住了它。巨浪越来越汹涌,我们两个人的力量加在一起却觉得仍不足以抓住这根海锚,但两个落难汪洋的人都明白,这是我们生还的最后一线希望,一旦手滑脱了,力量已透支的我们是再也无力和海浪搏斗了。到达船边的时候,我先把汪洪军托上了船。在又一个巨浪打来之前,水手们在千钧一发之际抓住了我的手,这时连冻带累的我便晕了过去……

拼出"海上白领"

历经半年多的惊涛骇浪,我们的渔轮终于在1998年6月满载而归。在海洋渔业公司为船员们举行的庆功宴上,我受到了船长以及公司老总的表彰。当我把那浸满血汗的8000元薪水寄给千里以外,远在河南周口的下岗父母时,感到无比欣慰。

不出海的日子里,公司里常为我们举办一些文化活动,在"除夕之夜"联欢晚会上,公司总部里一位名叫苏静的身材高挑,相貌温柔可亲的女白领大方地邀我跳舞,还一再夸我是公司内众所周知的"解放军水手",为"鸿吉"号立了大功。她边说边看着我,一双晶亮的大眼睛显得楚楚动人。我真有些受宠若惊的感觉,不时笨拙地踩她的脚。苏静的身上有种与这个浮躁的商业社会不一样的宁静与脱俗,随着彼此了解的不断深入,我不由得对这个纤尘不染的女孩子产生了爱恋。军人生涯和搏击大海一年多的经历培养了我主动出击的宝贵品质，我没有顾忌"门不当户不对"，向她表达了爱慕之情。从此在海边宝蓝色的夜空下，又多了一对赤足漫步的恋人；远航前的码头分别时，我体会到了流泪的滋味；船在远海的时候，有静为我叠的千纸鹤，我便不再孤独……

然而我们超越世俗的爱情却遇到了阻力，苏静的父母决不允许自己天使般的女儿，嫁给一个只有高中学历的穷水手。去苏静的家里拜见未来的岳父母时，尽管苏静对我进行了精心包装，但我仍差点儿被轰了出来。虽然此后苏静仍对我一往情深，但我却发誓要通过努力提高自身素质，改变一个社会底层淘金者的形象，用实力赢得苏静父母的喜欢。

此后我买了许多航海方面的书籍，在出海的空闲时间开始自修大学水产专业，同事们闲聊、打牌时再也看不到我的身影；自学水产专业后，我每天晚上只睡4个小时的觉，返航后陪女友的时间也少了；每逢修机器时，我还会放下书本乐呵呵地为机修工们打下手，看他们是怎样根据那些轻微的异响来判断故障。船长和机修工常用油乎乎的手拍着我的肩说："你行啊小林，是个懂得用心的打工人，迟早会有出息的！"

不久，在南海作业时，我们的船遇上了麻烦，大管轮谢志强病倒了，运输船把他运回了三亚。由于船上的工作是一个萝卜顶一个坑，少了谁也不行，这下子船长犯难了。这对我却是个天赐良机，于是我自告奋勇接替老谢的工作。大管轮这个工作，看起来简单，但要做好却相当不容易，主机、辅机、压缩机……哪一台机器也不能停，尤其是在远离陆地的茫茫海面上。我接过这个任务后，把工作的重点和注意事项一条条记在本子上，开始不停地在机舱里巡逻，用心观察机器的运行情况，定时对机器进行检修……我小心翼翼地看护着这些机器，时常一熬就是几个通宵，寸步不离地守在机舱里。3个月时间过去了，"鸿吉"号顺利返航。看着擦得干干净净的机器，听着它均匀的轰鸣声，老船长高兴地对我说："你不光是咱'鸿吉'号上的勇士，还是个'航海专家'啊！"

由于在近3年的水手生涯中，自己一直是"鸿吉"号上的先进个人，并协助海防警察侦破过几起海上走私案，为渔业公司赢得了不少荣誉，1999年，我被公司派往海口水产学院学习机电系的轮机专业；毕业后我成了"鸿吉"号上最年轻的大副，月薪也升到4000元；对海员管理有方的渔业公司老总还为我和女友在单位宿舍批了一套两居室的楼房。他鼓励我说，将来的航海员就需要你这样有知识的青年，好好驾驭、管理你的"鸿吉"号吧，在与老外们的捕鱼竞争中亮出中国新一代海员的本领给他们看看！

今年春天，苏静的父母思女心切，不远万里来海南看望女儿，在给两位老人接风洗尘的酒宴上，我们船长和公司总经理一个劲地夸我怎样团结同事、乐于助人、勤奋进取、奋不顾身。我和苏静陪着她的父母在海南游玩了数日后，苏静的父亲在临行前终于对我露出了笑脸,说:"以后我就把小静托付给你照顾了,你可别让我和她妈妈失望呀。"那一刻,女友激动得流出了泪水。望着两位老人渐行渐远的背影,我和恋人的手紧紧地握在了一起。一时间我心如潮涌,我深深体会到,有了事业的爱情才更稳固,有了爱情的事业才更美丽。只要有勇气破雾而出,每个人都有做太阳的机会。

(林云帆)

徐悲鸿赛画

1919年到1925年间，徐悲鸿曾留学于法国的巴黎高等美术学校，因学习成绩特别优异，得到了法国大画家达仰·布佛莱、雕刻家唐泼特等名家的赞赏与器重。1922年春天，徐悲鸿在巴黎举办的世界首届美术留学生代表绘画比赛中，以高超的绘画技艺夺得冠军，不仅使外国人惊叹不已，还为中华民族争了气。

绘画比赛的这一天上午，天空晴朗，阳光灿烂。参加绘画比赛的各国美术留学生代表相继来到赛场。徐悲鸿是中国留学生的唯一代表。

不一会儿，主持人走到画台上，看了看座无虚席的赛场后，宣布说："世界首届美术留学生代表绘画大赛现在开始！"

话音刚落，一个英国学生猛地从座位上站起来说："我先画！"接着，便登上了画台。过了一会儿，他就画完了一幅《蜜蜂玫瑰图》，画面上有只蜜蜂正飞落在一朵鲜艳盛开的玫瑰花中采蜜，栩栩如生，活灵活现。当他把这幅画展现在人们面前时，一些外国留学生们便高声叫起"好"来。英国学生禁不住得意扬扬，摆出一副非常傲慢的样子。

紧接着，有二十多个外国留学生当场作画，大显身手，且一个比一个画得漂亮精彩，掌声、喝彩声此起彼伏。

早已跃跃欲试的徐悲鸿此时有些按捺不住了，他匆匆走到主持人面前说："请允许我来作画！"

主持人看了一眼徐悲鸿，正想说什么，突然整个赛场一片哗然！其中有不少人大声疾呼："不能让中国人画！叫他赶快走开……"

当时的中国是半封建半殖民地国家，在国际上根本没有地位，而参加绘画比赛的留学生代表大多来自西方资本主义国家，他们压根儿就没有把中国人放在眼里。此时，他们看到参赛的竟是一个黄皮肤的中国人，一个个都向徐悲鸿投来轻蔑、嫉恨的目光，嘴里还不停地吵嚷着。

主持人审视了徐悲鸿一番后，说："下面请中国学生作画！"

只见徐悲鸿很麻利地铺好画纸，手执画笔，稍一沉思，便非常投入地画起来，笔毫时顿时运，笔墨时浓时淡，几分钟过后，一匹惟妙惟肖的奔马便呼之欲出，跃然纸上。这奔马刚健雄劲，挺竖双耳，飞扬四蹄，勇往直前。相比之下，那些外国留学生的画作即刻相形见绌，黯然失色。

最后，经评委评定，主持人当场宣布："获得本次绘画比赛冠军的是——中国的徐悲鸿。"顿时，会场上爆发出了经久不息、雷鸣般的掌声。

（苑梅华）

年轻人，做大人

大家好：

　　我觉得中国的大学生第一个最重要的就是要有独立思考能力。我们长期以来的这个教育，让我们形成了一种固有的思维模式，也形成了一种思维上的依赖，有什么问题问老师，有什么问题问家长。家长这样告诉我们的，我们就这样去做的。家长的知识和经验在哪里？是我们的历史，可能20年、30年差不多是这么一个情况，但社会变化很快，外面的世界在变，我们内部有很多也在变。那么，老师也好、家长也好，他们对这种变化是不敏感的，他们收集的信息量不够。所以他们给我们的建议实际上是陈旧的，而我们在过去的教育体系里面是不独立思考的，我们需靠其他人给我们建立。所以，这一点很重要，第一要学会独立思考。

　　第二是什么呢？是我们要分清什么是有用的、什么是没用的。有些事情分不清，但有些事情一定分得清。比如说打游戏，除了将来从事游戏的那一部分人群以外，我个人的看法，有一些游戏也是有积极因素的，比如说它会讲到我们历史文化的一些东西。但是大多数游戏我觉得在荒废时间，我们的年轻人没有太多的受益、没有太多的成长，花了那么多的时间。显然我们很清楚这是不应该做的。但有些事情很清楚是我们应该做的，比如说锻炼好身体、早上不要睡懒觉、多看几本书。这样的事情一定要坚持去做，不要懒惰。有些事情不清楚它到底应该不应该做，比如说考证，到底应该考还是不应该考呢？自己要去探寻，没人能教你。这就是第二点，我觉得要勤奋。

第三个是，我觉得更重要的在哪里呢？要与人为善。我定义人不同的状态，有四个状态。第一个就是做人的状态，要做好人。第二是做事，要做好事。第三是什么？要做大事。第四是做大人。做事之前先做人，把自己变成一个好人，然后再做好事，帮助别人成为一个好人。然后再做大事。如果说我们对别人的帮助不局限于身边的亲朋好友，不局限于身边我们接触的这些人，而是说我们能够有一种模式，有一种方法能够让几百万人、能够让几千万人、能够让几亿人变成好人，那这就是做大事。

做大事之后，最后一个点要做大人。完美的人生是什么呢？第一叫立德，第二叫立功，第三叫立言。我觉得当你立德，把自己做好，立功把事业做好，帮助其他人，而没有立言你的人生也是不完整的。因为你的这些思考、你的这些建议、你的这些总结和提炼，没有形成一个普遍的社会认知，那也是欠缺的。所以最后一个点我说叫做大人，要成为一个精神方面的，或者思想方面的，要有这样的一种影响力的人。这种影响力，我们说孔子是大人，他叫孔圣人。我们也有佛家、有道家、有思想家。他们的这种思想、他们的这种见识改变了别人，创立了他的一套体系，而这套体系，我们说佛家的这种思想，它不是只服务于精英阶层，不是只服务了政治上的领导，它服务了什么呢？让很多穷苦的老百姓有了精神上的寄托，老太太每天在家里烧烧香、拜拜佛她觉得心安了，她原来惦记远方的孩子，出征不知道死活，但是她在家里烧烧香、拜拜佛，她觉得她的儿子一定能够回来，我觉得这个不是一般人能做到的，是大人。

最后做事，我认为到了某个阶段，做事已经不重要了，重要的就是我们的这种思想，人以精神从事，公私也好、物质也好都会消亡，没有哪一家企业是长盛不衰的，有什么样的一个企业、有什么样的一个组织可以横跨5000年、横跨3000年？没有，但是孔孟之道跨越了3000年，所以要做大人。

意志力要足够，这是一个。另一个叫担当。举个例子来说，很简单，我们在学校里面突然有坏人冲进教室来的时候，谁站出去了，谁激烈地去跟他搏斗了，是谁呢？应该说是班长吧？不是。难道就是那些平时特别喜欢打架的人吗？因为他具备这个技巧，具备拳击这种丰富的经验，所以他冲出去了吗？可能也不是。是那种有担当的人。当一件事情来的时候，当冲进来的时候，能够挺身而出的人，我觉得这样的人这种特质也是适合来创业的。因为走到企业上去的时候，其实公司承担压力最大的，这种压力是不可想象的，或者说承担风险最大的，一定是前面的这个创业者，一定是领导者。所以，这是一个很重要的特质——这种担当意识。

一定要有人格魅力。学校系统里会看到，有些是有冕英雄，这些是班主任任命的班长、团支书。有些叫无冕英雄，你会发现他在这个群体里面，没什么职务，也没怎么样，但是身边很容易团结一些人，他也不是天天给大家发糖吃，他也不是长得特别帅，他也不是有武力，你们不听我的就揍你，没有这些。人格魅力，我觉得一个人对周围的人能形成一种向心力，这种特质也很难说通过培训教育就能够完成。所以我觉得这是第三个特质。

我相信一句话，这句话是什么？"行而上为之道，行而下为之术。"我们的学校的教育一直教我们行，企业应该分这么多部门，应该这么去管理，做事情应该是这么几个，告诉我们的都是行。为什么我们到社会上很难有竞争力，在下面你不懂术，因为你没有亲身的经验，所以与人交往的时候，你表达，这个也不知道，不懂礼貌。在办公室也不知道与人相处，自己整天一副冷冰冰的样子，遇到事情的时候一个人压着，也不知道去寻求别人的帮助。这个就是你不懂术。这种术没有人能教你，看书也看不来，只能到社会里面去历练，只能去实践它。但是最重要的是上面的道，现在道是缺失的，这一点很可怕了。大学教育下来，我们教育的是什么？我们教育的是行的东西，我们没有去讲道，真正的大学是什么呢？我们的《四书五经》里面开篇就讲："大学之道，在明明德，在亲民，在止于至善。"这就是一个基本的框架,这三个东西就决定了后面的东西都是从它们去延伸的。在明明德,修身,在亲民,去实践,在止于至善,就是要我们知道,要有约束。"知止而后能定,定而后能静,静而后能安,安而后能虑,虑而后能得"对不对?它是一个推导的过程。前面这三个是基石,这三个基石是非常重要的。

所以现在说读《道德经》也好,我们读《四书五经》也好,读其他的东西都好,我觉得就够了,这些东西足以指导我们去实践了。在实践中,不要怕失败、不要怕遇到坎坷,多去实践就可以了。现在的年轻人我就很担心,第一不修德,第二不读书,如果不读书,天天就想着我要去创业、我要去做事、我要去跑项目、我要去建关系,如果你不读书,你就行了万里路你也是个邮差。

谢谢!

(艾顺刚)

定力如磐　行走无疆

同学们：

祝贺大家，从明天起，劈柴喂马走天下。

当今天下是一个热情洋溢的世界，也是一个浮华躁动的世界；是一个充满机会与竞争的世界，也是一个充满诱惑与欲望的世界。初出茅庐，只身行走，有一种素质至为重要，这种素质，我把它叫作定力。

定力是处变不惊。历史上有许多年份，风平浪静；也有许多年份，风急浪高。碰上后一种时势，所有的人都要面临更多的风险，接受更多的挑战，分担更多的责任。这是一种个人生活的偶然，又是一种历史生活的必然。2009年恰恰就是风急浪高的一年。先是金融海啸，重伤经济，就业困难；又有甲型流感，威胁生命，干扰生活。这个时候，毕业下海，冲浪社会，没有定力，难以从容进取。尤其是工作尚未着落、深造尚未如愿或者试出校门已经遭受挫折的，更须处变不惊。今日中国以人为本，国内经济正逐步企稳，且国家地大物博，东西南北均需人才，寻求工作，总有渠道；寻求发展，总有机会。选择深圳、选择家乡或者选择其他地区，都是大道青天。成语"条条大路通罗马"，就是这个意思。

定力是随遇而安。每个人都有不同的境遇，这境遇或许是自己满意的，或许是自己不满意的，甚至是一种无可奈何的屈就。这并不异常。人，志向不同，机会不同，能力不同，资历不同，人脉不同，境遇自然千差万别。但是，美丽人生的一条铁律，就是随遇而安。无论何种境遇，都要冷静面对；无论何种职业，都要安心就职。要明白，这个世界上，多数人的职业岗位并不是自己的初衷。要看到，每一种职业，或者说每一种岗位，都有各自的前程。更要理解，每一种境遇也都有自己的惬意境界。几米的漫画，一位小姑娘天天到河边看鸭子游泳，自己却不会游泳，但是她天天快乐地去，天天快乐地回。画外音是，许许多多的人会在这样平凡的生活中拥有自己的幸福。随遇而安，并非故步自封。有想法的，应该做好当下，等待机会，而不是做砸当下，空想未来。一些人之所以东家聘，西家请，就是因为这些人的职场经历显示了随遇而安的职业操守和职业成效。

定力是洁身自好。社会生活与社会关系从来是真善美与假恶丑的交织，要抵住纸醉金迷的诱惑，守住洁身自好的尺度，"任凭弱水三千，我只取一瓢饮"。社交可以积极，交友则须谨慎，遇上一开口专说别人坏话的，要小心；遇上当面一套背后一套的，要十分小心；遇上谋取名利不择手段的，要格外小心。亲君子，远小人，做君子，不做小人。君子坦荡荡，小人长戚戚；君子谋事不谋人，小人谋人不谋事；君子爱财，取之有道，小人爱财，作奸犯科。电影《舞台姐妹》有一句话听过了30年，至今犹新，那就是"认认真真地唱戏，清清白白地做人"。

定力是锲而不舍。锲而不舍，方可创业；创业的路，从来艰难，开头最难。内心要有屡败屡战的准备，也要有铁树开花的自信。锲而不舍，方可治学；治学的路，从来艰难，持久最难。内心要守得住寂寞，要抛得开功利，风吹雨打不动摇。锲而不舍，方可出类拔萃；像马丁·路德·金追求他的梦想，像史蒂芬·威廉·霍金追求他的宇宙，像《千手观音》的表演者——一群漂亮的聋哑姑娘追求她们的舞蹈，像"长江三峡，黄河九曲，心有朝阳，终流大海"。

相信定力之理，人所尽知。但古人说"知之非艰，行之维艰"，临别唠叨，是期盼各位在漫长的人生旅途上，定力如磐而行走无疆。

好运，亲爱的同学。

再见，亲爱的同学。

（章必功）

谁念西风独自凉

微云如画,溪水如歌,正是橙黄橘绿一年好景时,我愿是那荆衩布裙的江南女子,顺着青色的瓦沿、曲折的巷弄、松软的眠柳,去品尝唐诗宋词里的隽永与温柔,宋朝烟雨唐时风,勾起落花一丝轻愁。

那唐时的风,吹过长安古道、灞陵桥头,吹动了多少风流才子的飘飘衣带?它拂过李白略带酒气的发梢,溜进杜甫打满补丁的布衣,让贾岛空送满目"秋风生渭水,落叶满长安",令东坡豪放一笑"一点浩然气,千里快哉风"。

那宋时的雨,淋过姑苏城外、扬子江头,淋湿了多少绝代佳人的层层裙摆?是晏几道"点点行行、总是凄凉意"的别离泪,还是秦少游"过尽飞鸿字字愁"的相思泪?是辛弃疾"栏杆拍遍,无人会,登临意"的英雄恨,还是刘辰翁"山中岁月,海上心情"的征夫泪?

风吹酒旗,雨打芭蕉,它们都是从活生生的人生际遇中来,充满了感动。在这个快餐文化的时代,这些诗词带我穿过薄凉的雾气,回溯到历史河流的尽头，那些口口相传的爱恨嗔痴，都是与我们的生命无比契合的情愫。是那深远的意境与绵长的回味，让人不由自主地为每一个作者的顺途响起掌声，为每一个诗人的落寞落下眼泪。他们快乐，可以"白日放歌须纵酒""漫卷诗书喜欲狂"；他们悲伤，可以"相顾无言，唯有泪千行"。当感动与美丽愈来愈远，我们唯有于此间得到慰藉。

喜欢在细雨微风的夏日，执一卷线装书，品一杯清茗，唇齿间留清新香甜。读唐诗，大开大合，亦喜亦悲，品人生况味，最为醇厚；读宋词，字字珠玑，句句讨巧，写闲愁别绪，别有韵致。

诗词像阳光一样落入我平凡琐碎的生活，像一朵花微微地颓废，却依然清亮明媚，开得好美。我喜欢他们张口吟出的词句，它们四平八稳地落在笔墨丹青的纸卷轴上，画了山水，又留了余白。那些句子都是一个民族精神气节的绵绵承继，像温柔的藤蔓，缓慢爬上人的心头，开了枝，散了叶，缠绕成血脉相连的姿态。由此，我们的生命有了长度、宽度、高度，有了硬气、骨气、生气、底气。

"一条古时水，向我手心流。"生活常常在奔走与追逐中逐渐消耗，是诗词将扑打在我身上的尘渣洗涤干净，像迷蒙的杏花雨，像澄清的露水珠。年华流转，而使我成为澄清纯净的人。

十年一觉诗词梦，回首东风泪满衣。看过诗词里粉黛朱门的清清街景，斜阳老树的落寞气象，静静收拢一脉温情的分享与企盼，垂钓一地瘦瘦的忧伤。我犹记得吴道子宣纸上流畅的线条，记得李白口中吐纳的月光,记得杨玉环轻舞霓裳时的艳影,记得诗中花好月圆的良辰美景,记得词中政通人和的锦绣山河。我愿生在彼时,可以在巍峨的山顶上举目四望,在细草微风的原野上偃仰啸歌,在江枫渔火中对愁而眠,在漫天飞雪中独钓寒江。

唐诗宋词,如琴一样哀婉、棋一样清虚、书一样隽永、画一样柔情。我愿沉醉其间,枕琴声做一场崇古清梦,一醉便是千年。

(罗婷)

把苦难沉淀在时光里

我的老师刘淦先生当年教授我们文学理论。那个时候，我刚刚从农村的中学考上大学。开学以后的第二堂课就是他的课。中文系的新同学早早来到阶梯教室，静候教授大驾光临。我做他学生的时候是1982年，现在算来，当年他也就是四十多岁。可是，那个时候的刘淦老师已经是满头白发，一幅历经沧桑的老教授的样子。

他的脸上始终充盈着微笑，讲课的声音不大，音质有些沙哑，形象儒雅，丝毫没有我们想象中的大学教授高不可攀的架子，我感觉他就像我的中学老师一样平易近人。几堂课下来，我们都喜欢上了刘老师。周末的时候，他邀请我们到他的家里做客。他的夫人是一位十分和善的人。他有一个女儿，那个时候十多岁的样子。

去了刘老师家之后，见到了他的家人，加上在课堂上对他的印象，那时候我感觉老师是多么幸福的一个人哪！他有自己热爱的事业，有自己幸福美满的家庭，性格又是这样平和。早晨的时候，他与我们一起参加晨练；平时还与我们一起去郊游。他的开朗和乐观强烈地感染着大家。在我们的心目中，他始终都是：一个永远微笑着的幸福的人，一个开朗乐观淡泊名利的人，一个热爱生活的人。

大学毕业以后，天各一方，刘老师也调到了山东齐鲁书社任编审，离开了大学讲坛，潜心研究刘勰的《文心雕龙》和司空图的《诗品》。但学生时代的刘老师的形象，定格在了我的记忆里。

去年秋天，在新疆工作的一位同学来济南，我们邀请了刘老师一同给他接风洗尘。已经退休多年的刘老师送给我们每人一本刚刚完成的自传。看完了老师的自传，我万分惊诧，刘老师的生命中原来经受过如此深重的苦难，我们竟然一直一无所知！

这本自传中详细记录了1976年7月28日的唐山大地震。而我们的刘老师，在这次大地震中失去了爱妻和两个儿子。与他同时居住的岳母和妻妹一家3口也同时遇难。本来热闹的一家8口人有7人都被砸死在废墟之中。刘老师当时任职于唐山开滦一中，因为在学校加班写教案，住在简易的教工宿舍里而幸免于难。他自传中有一个章节专门记述当时地震的情形，读来令人动容。

地震以后，刘老师被疏散回山东老家任教。他本来是山东大学中文系的高才生，本科毕业以后被留校做著名学者孙昌熙先生的研究生。

1982年秋天，我有幸成了刘淦先生的学生，那一年距离刘老师失去7位亲人的唐山大地震仅仅过去了6年时间。6年时间，在人的一生中不算长，尤其对于经受了灭顶之灾的刘老师来说，更是不会轻易淡漠的时光。但是，在跟随刘老师读书的几年之中，我们却丝毫没有感觉到他的人生经受过如此惨烈的重创,隐藏着这样深重的苦难!

　　直到读完他的自传,我才领悟到,我的老师何以在40岁时就满头白发。他告诉我们,他的头发是在一周的时间内全部变白的。可是,这些年,他把苦难都隐藏在生命的深处,把惨痛的苦难都升华为阳光和微笑。对于他来说,苦难最终变成了一种记忆、一种力量。

(鲁先圣)

跟自己较劲

王洛勇出生在河南洛阳，11岁时开始学习京剧。大学毕业后，王洛勇毅然放弃留校任教的机会，硬是与自己较劲，与英语较劲，奔赴大洋彼岸学习音乐剧——一个自己完全陌生的领域。

初到美国时，王洛勇只会几句简单的日常用语，根本无法听懂教授快如机枪的英语讲课。一个朋友热心地教他一招："如果教授提问，多说是，少用不。"上课第四天，教授就提问他——因为他是第一个来学戏剧表演的中国人。王洛勇一听，头都大了，只好硬着头皮回答"是"。一连串的提问，一连串的"是"。教授很生气："你听不懂，就别再来上课了。"王洛勇仍响亮地回答："不！"引得哄堂大笑。下课后，教授把王洛勇领到办公室，给他一份英语试卷，他绞尽脑汁也只做对几分。于是，学校立即通知他：取消奖学金，开除学籍。这样，王洛勇就被路易斯安那大学踢出了校门。

走投无路的他只得以刷油漆和教太极拳为生。记得圣诞节那天，为省1美元地铁钱，王洛勇徒步到心中的"圣殿"——百老汇，并发誓终有一日要登上这个舞台。

为梦想，
心动不如行动

一个连英语都不过关的中国人，又怎能去与美国人争角色呢？被逼上绝路的王洛勇开始蓄发明志，与自己较劲：不学会英语，就绝不剪发。一年后他长发披肩。为了学好英语，他给瘫痪老人念书报、当保姆、送外卖、剪草坪……只要有利于练英语的工作他都做。为了记单词，他在口袋、书包、教室、房间各放了一本小词典，随手翻阅，随时背记。为了练就地道的美式英语，他在嘴里含红酒瓶木塞练习发音。每练到一定程度，他就在上面刻上标记，以掌握后槽牙的开合程度。他就是用这种方法，成功地克服了亚洲人说英语时后槽牙开合不足的毛病。

三年后，他以清晰准确的发音、明亮圆润的台词与对白，征服了挑剔的百老汇导演，赢得了观众的热烈掌声。

其实，在生活上，王洛勇也是个喜欢与自己较劲的人。初来美国时，他不修边幅，邋里邋遢。记得在排练《罗密欧与朱丽叶》的一场戏时，尽管他演技娴熟，吐词清晰，但无一个女生愿意与他搭戏。他非常疑惑，问老师这是为什么？老师却反问他："难道你自己一点儿都不知道吗？你有严重的口臭。"老师的话如当头棒喝，将王洛勇猛然击醒。

第二天，王洛勇就去看牙医。医生检查后十分惊讶，说牙结石太深，急需治疗。有趣的是，医生并没带他去治疗室，而是领到医学院的教室，然后对学生们说："我终于在你们毕业前找到了一位从未洗牙、牙质好、但牙根极坏的病例。你们每人洗两颗，处理好了，方能毕业。"他万万没想到，自己成了不讲卫生的反面教材。

为了根治不讲卫生的陋习，王洛勇开始每天刷牙，一日多遍。不仅如此，他每天坚持洗头、洗澡、换衣，不管演出多累、学习多紧、工作多忙，他都雷打不动地坚持着。他要把自己变成一个实实在在、干干净净、漂漂亮亮的"礼物"，以便让对方愉快地接纳自己。

是通过自己的顽强拼搏与不懈努力，王洛勇先后考了八次，终于在百老汇的舞台上第一次刻下中国男主角史诗般闪亮的名字。之后，不管他走到哪，都会赢得人们的尊敬。

在谈及成功经验时，王洛勇说："与其和别人较劲，不如和自己较劲。"人生就是这样，你要改变别人的态度，先要改变自己的言行。

（谢国渊）

天使无处不在

她35岁时才有了这个孩子,自怀孕起,她的心中就充满了美丽的期待。她小心翼翼地走路,生怕踩死一只蚂蚁,为的就是培养孩子的善良之心;她只听一些舒缓的轻音乐,在悠扬的乐曲中徜徉,希望孩子长成一位气质优雅的公主……

如她所愿,孩子长得像个小天使,头发乌黑发亮,还略有卷曲,"两潭湖水"清澈明亮。因为孩子出生的季节正是初冬,那一天还下起了小雪。当她问丈夫给他们的"天使"起什么名字的时候,丈夫看了看窗外,充满浪漫主义情怀地说:就叫雪儿吧!

雪儿冰雪聪明,三岁时,就会背诵十几首唐诗,在家中,她是开心果,在幼儿园,她是小明星。她的歌声像黄鹂一样清脆,她跳起舞来仿佛翩翩的蝴蝶。

"暴风雨"是突然来袭的,它无情地打湿了"天使"的翅膀,也淋透了她和丈夫的心。雪儿只能待在医院里,蜷缩在病床上。

"妈妈,我什么时候可以离开医院?"雪儿扑闪着大眼睛问她。

她转过身来:"等雪儿病好的时候!"

"妈妈，雪儿的病能好吗？我邻床的小朋友昨天不见了，他的家人都哭了！我问他们，他们说他去了天堂！我也会去天堂吗？"

听着女儿天真无邪的话语，她再也控制不住自己的情绪，失声痛哭起来。

"你别哭！妈妈，雪儿不让你哭。妈妈，你知道的，雪儿很勇敢！"

她再次转身，一把抱紧了自己的"天使"。

春天来了，在这个万物复苏的季节，雪儿在她面前一点一点融化，直至彻底消失。她悲恸欲绝。

此后的半年间，她不敢踏进女儿的房间一步，生怕勾起沉淀在心底的伤痛。直到她感觉自己已经变得足够坚强，才再次走进了雪儿的房间。看着女儿的照片，触景生情，泪如泉涌。她边哭边打扫着女儿的房间，在收拾女儿书橱的时候，看到抽屉里放着一张卡片。她拿起卡片，上面写着：妈妈，我爱您！她不由得破涕为笑，兴奋地喊来了丈夫。

一个月后，丈夫在装有剃须刀的盒子里，也发现了一张写有"爸爸，我爱您"的卡片。丈夫兴冲冲地告诉了她。

一年后，她在自己梳妆台的镜子里，看到竟然夹着一张卡片，上面写着：妈妈，希望您越来越美丽！她喜极而泣！

两年后，丈夫在雪儿的存钱罐里找到了一张卡片，卡片的内容是：爸爸、妈妈，把我存的零钱捐给没钱上学的小朋友吧！

三年后，她又在雪儿的玩具熊里发现了一张卡片，卡片上这样写道：对不起，玩具熊，我不应该在生气的时候把你扔到地上！

每一次发现雪儿留下的卡片，都让她和丈夫欣喜不已！她的生活又重新充满了美丽的期待，因为她知道，天使在家中无处不在，而且从来就没有离开过自己！

（刘清山）

有一种爱叫血缘

多年前,他犯下一个错。穷困潦倒的他,为了能买点年货回家,铤而走险,抢了一个过路女人的包。女人奋起反抗,在后面追,大叫,有人抢劫啦!

到底不是专门干这行的,听到女人一声叫,他腿一软,双膝跪倒在地上。后来,他被判了重刑,进了监狱。那个时候,她才六岁。他答应给她买金发布娃娃回来——当新年礼物的。她满心欢喜地倚门等,从午后,等到黄昏。等到雪开始下了。等到雪花堆白了人家的屋顶。天暗了,人家庆祝新年的礼花,在空中绽开一朵一朵花,绚丽璀璨,欢歌笑语震落了屋顶的积雪,他还没有回来。最后,她等来的,是母亲歇斯底里的哭。母亲搂着她喃喃地问,怎么办,我们怎么办呢?那个新年,她的头顶上,一片冰冷和黯淡。连屋外飘着的雪花,也失去了颜色。

母亲从此变得沉默,腰弯了,背驼了,人前都低着头,卑微、渺小。她跟着母亲摆地摊讨生活,过早地告别了童年。别人横扫过来的目光如同锥子,把她小小的心一戳一个洞。她像一只小老鼠,尽量把自己缩小再缩小——缩成一团，躲在自己的一隅。

上学了，跟同学起了争执，同学只一句话，就把她打得一败涂地溃不成军。同学说，你爸是个劳改犯！她只听到哪里哗啦啦，泥石俱下，山崩地裂的感觉。

八年后，他刑满释放回家，她已是个初中生，在拼命蹿长个头。她看他，似俯视，虽然他比她高了一头，但在她眼里，他是不堪的。任他用尽手段对她好，把去码头上扛包得来的钱，都用来买好衣裳给她。把去工地上拌泥浆得来的钱，都用来买布娃娃和零食给她，她还是不肯开口叫他一声爸。

日子仓促地过，她终于长大。高考填报志愿，她把自己送到千山万水之外。他在一边问琪琪，可不可以不去那么远？她斜睨着他，问，想怎样？他便红了脸，小声说，我和你妈想能常去看看你。她冷笑一声，在心里说，谁要你看！

大学毕业后，她理所当然地留在了外地工作。有他在的家，她很少去想，他是她难堪的记忆，碰不得。跟家里联系，电话都是打给母亲的。寄信寄物，也都只寄给母亲。

却在某天，收到一张5万块的汇款单——是他汇来的。她打电话给母亲，母亲说，你爸把家里的积蓄全拿出来了，现在他一天打三份工，说要赚钱帮你在城里买房。她握汇款单的手不自觉地抖了抖。这之后，她不断收到他的汇款，一次三五百，都是他刚领到的工钱。她照单全收，认为那是他欠她的。

他的病，来得凶猛，肾衰竭——晚期。她得知，脑袋嗡一下，一片空白。她隐约记起母亲曾在一次电话中提及，他身体不太好。她哪里会去关心他？一个话题轻轻一绕，就把他给轻描淡写绕过去了。她以为他再怎么疼痛，也不会波及她一点点，却在得知他病倒的那一瞬间，胸口疼得喘不过气来。

她请假回家，瞒着他去配肾源——很配。怎么会不配呢，她是他唯一的女儿，她是他身体里的一部分，他们融合在一起。

后来的后来，他们一起坐在一棵花树下，他虚弱的脸上，有了红润。他说，女儿，对不起。她伸手按住他的嘴，爸，别说了。这一声爸，叫得他热泪纵横——她亦是淌了满脸的泪。亲人间哪里会不相干呢，原是你中有我，我中有你，扯也扯不断。这种爱，叫血缘。

（丁立梅）

有理想的人是幸福的

朋友们、同学们好：

今天，跟大家探讨的话题是"理想"，这个话题有点儿大，但我相信每个人都有自己的理想。一个人的理想很难界定，因为它时常处于变化之中。比如，我曾有过很多理想，这么多年也调整了很多回，我也相信很多人现在的理想并不是从小就有的。

小学三年级以前，说实话我没有什么理想，根本记不住，但三年级以后的事情就记得比较清楚。当时，我最早的理想是当画家，因为当时教我们画画的老师画得特别好；后来我又想当兵，当兵之后又想当将军。在这个过程中，同学之间就经常会形成一个小团伙，就像集体一样，同学之间互相激励。我们当兵的时候只有十六七岁，几个大头兵，我们经常互相激励。有人说，中军聪明、好学，军事技术好，但性格不太好，喜怒哀乐挂在脸上，不高兴就经常抗议，这样的性格适合当军事主官。但那时我的理想是当将军，目标也不高，只是希望超过父辈。我的父辈在"文革"之前是校级军官，因此我的理想是当一个一星将军就够了。当时有个伙伴，他的理想是当三星将军，但当了指导员后就转业了。后来我们一起交流的时候就问他，你现在不当将军了，准备干什么呢？他突然说，我的下一个目标是中央委员。就现在的现实来看，他的理想已经破灭了。那他在干什么呢？做房地产，买卖不大，但他自己以大企业家自居，一直忧国忧民。理想虽然未实现，但他在这个理想的激励下依然很幸福。

我说这话的意思是什么呢？有理想的人是幸福的。我个人的理想也调整了很多回，当兵当将军没戏后最大的理想是进机关，与进哈佛不进别的学校是一个道理，但哈佛不是人人都能进。进机关的时候，我觉得看大门都可以，但在机关晃来晃去，无事可干，理想又破灭了。由此我的理想又变成了自由艺术家，自由艺术家干了几年，小有成绩，后来又跑到了美国。当时，基本上没有什么理想，就是打工、打工再打工，赚10万美元可以说是我当时的理想。这与现在的留学生有很大的不同，我们那批留学生都吃苦耐劳，干活赚学费、生活费，理想比较低。

我觉得，有了理想做什么事都会开心，虽然不是所有事情都会实现，但还是会觉得幸福。另外，一个时刻有梦的人就会有自信。像张维迎，满头灰发，他往讲台上一站，魅力无限，因为他适合在台上，而坐在听众席中，感觉他就像一位老先生，人在特定的场合就能表现出自己的自信与潜能。我觉得自己也是这样，由于巧合，这十几年来我成了中国的电影人，也拍了一些电影，我也相信自己对中国电影确实做了些贡献,但仍然希望未来还在这个领域有所贡献,与我们的年轻一代一起,互相影响、互相学习,共同促进中国电影事业,乃至世界电影事业的发展。

谢谢大家!

(王中军)

手包奇缘

几天前的一个下午,我顶着呼啸的疾风匆匆向家中奔去。突然,看到前方的路边躺着一个小手包。我捡起它,四下寻找失主,寂寥的大街上空无一人。到家后,我把它打开,看看是否能找到失主的信息。但手包里除了有几美元零碎钱和一封皱巴巴、看起来好像多年以前就已放在里面的信之外,什么也没有。

信封唯一能辨认出的只是寄信地址。我打开信封,希望能从信中找出一些线索。我找到了写信的日期——竟然是1951年!就是说,这封信早在60年前就已经写好了!

这是一封写在淡蓝色、左侧一角印有玫瑰花信笺上的信。信上的笔迹是那么纤柔隽秀,分明是出自一位女性之手。从信的内容来看,是一封女友给男方的绝交信,收信人的名字叫劳伦斯,而写信者的名字则叫安吉莉娜。在信中,她说因为她的母亲不允许他们继续来往,所以,他们只好分手了,但是尽管如此,她说她仍旧会永远爱着他。

这是一封写得非常美的信,只是除了知道信的寄出地址与收信人名叫劳伦斯之外，其他任何线索都没找到。我抱着一线希望打电话到电信局的查询台去查，几分钟之后，那里的主管给我打来电话："先生，有一位女士愿意和您通话。"

于是，我就问和我通话的那位女士是否认识安吉莉娜。

"哦！安吉莉娜！"她显得非常吃惊，"这栋房子是我们从一户人家手里买来的，记得他家的女儿名字就叫安吉莉娜。但那已经是30年前的事了！"

"那您知道那户人家现在住在哪里吗？"我仿佛看到了一线希望，焦急地问道。

"我听说安吉莉娜在几年前把她的妈妈送进养老院了，"那位女士答道，"如果您和养老院联系的话，他们也许能告诉您安吉莉娜的下落。"

她把那家养老院的名字和电话号码告诉了我。我迫不及待地拨通了养老院的电话。一位女士告诉我，安吉莉娜的老妈妈早在几年前就去世了，但养老院至今还保留着安吉莉娜住处的电话号码，并将电话号码告诉了我。

我谢过那位女士，又拨通了安吉莉娜的电话号码。接电话的也是一位女士，她告诉我，目前，安吉莉娜自己也住在一家养老院里。

紧接着我给安吉莉娜所住的那家养老院打了电话。"哦，是的，安吉莉娜是住在这里。"接电话的男子答道。

尽管当时已经是夜里10点钟了，感觉那家养老院离我的住处并不远，我还是立刻赶去那里。在夜班护士和警卫人员的带领下，我来到了位于三楼的娱乐室。在那里，我终于见到了正在看电视的安吉莉娜。她是一位非常温柔和蔼的老太太，那满头的银发仿佛银蚕丝一般光滑，她那一脸的笑容如同天使一般慈祥。

我把那封信拿出来给她看。她顿时就惊呆了。少顷，才长长地舒了一口气，说："年轻人，这是我写给劳伦斯的最后一封信。但这封信是我在60年前寄出的……"

说着，她扭过头去，把目光投向别处，仿佛陷入了深深的回忆之中："我非常爱他。但那时我只有16岁，母亲认为我年龄太小了。哦，他是那么英俊，看起来像演员肖恩（好莱坞影星，曾主演过007）一样。"

她继续说道，"请你告诉他，我经常想起他，并且……"说到这儿，她几乎是紧咬着嘴唇，说，"请你告诉他，我仍然爱着他：你知道，"说着，她的脸上漾起了笑容，泪水也涌出了她的双眼，"我一直都没有结婚。我觉得，世界上：没有人可以和劳伦斯相比……"

听完安吉莉娜娓娓的诉说，我向她道谢并起身告辞。当我走出电梯来到门口时，警卫问道："那位老太太能够帮得上您吗？"

我告诉他："至少，我知道了失主的姓氏。"我一边说着，一边拿出那个棕色手包。

"嗨！请等一等！"看到手包，这个警卫立刻喊道，"那是麦克

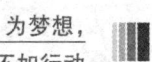

唐纳先生的手包。瞧那红色的花边，不论到哪里，我都能一眼认出来。他总是把手包弄丢。光是在走廊里，我就至少捡到过三次！"

"准是麦克唐纳先生？"我感到非常激动，拿着手包的手竟然开始颤抖起来。

"他是我们这儿的一位老人，就住在八楼"。

我一边连声向警卫道谢，一边向护士办公室跑去。见到护士，我把警卫说的话都告诉了她。就这样，我们又一次走进电梯，向八楼升去。一路上，我不停地祈祷着，但愿麦克唐纳先生还没有睡觉！

到了八楼，楼层护士说："我想麦克唐纳先生一定还在娱乐室里，他喜欢在晚上读书。"

于是，我们走到唯一一间还亮着灯光的房间。果然，那儿有一个男人正在看书。楼层护士走过去，问他是否丢失了手包。麦克唐纳先生惊讶地抬起头来，并把手伸进裤子后面的口袋里一摸，不安地说："哦，真的丢了！"

"这位好心的先生捡到了一个手包，我们希望它是您的。"

我把那个手包递给麦克唐纳先生。他一看到手包，脸上顿时绽开了笑容："哦，是我的手包！我要好好感谢你，年轻人。"

"哦，不，麦克唐纳先生，"我连忙说，"但是，有一件事我必须告诉您，为了找到失主，我读了手包里的那封信。"

"你读过那封信？"他脸上的笑容顿时消失得无影无踪。

我点了点头，说道："是的，我不仅读过那封信，而且，我还知道安吉莉娜在哪里。"

听到安吉莉娜这个名字，他的脸顿时变得苍白。"安吉莉娜？你知道她在哪里？她现在怎么样？她还像以前一样漂亮吗？"他显然激动极了，竟一连串问了这么多问题，然后，他近乎是乞求地说道："年轻人，请快告诉我！"

"她很好……而且还像您曾经见过的一样漂亮。"我轻轻地答道。

老人的脸上重又绽开了笑容，目光中充满了期待，"你能告诉我她现在在哪里吗？明天早上，我想给她打电话。"他猛地抓住我的手，激动地说道，"你知道吗先生，我是多么地爱她，当我收到这封信的时候，我的生命似乎都到了尽头。我一直都不曾结婚，因为我知道我爱的人永远都是她！"

"劳伦斯，请跟我来。"我注视着他的眼睛说道。

我们一起乘电梯下到了三楼。娱乐室里，安吉莉娜仍独自坐在那里看电视。

护士轻轻地走到她身边，指着正和我一起站在门口等候的劳伦斯，柔声说："安吉莉娜，您认识这位先生吗？"

她扶了扶眼镜，仔细地端详着，良久，良久……

看着安吉莉娜惊讶得一句话也说不出来，劳伦斯心中有些焦急，竟情不自禁地轻声说道："安吉莉娜，是我啊，我是劳伦斯，你还记得我吗？"

安吉莉娜激动地急促喘息着:"哦!劳伦斯!我简直不敢相信!劳伦斯!真的是我的劳伦斯吗?"

劳伦斯缓缓地走到安吉莉娜身边,相对凝视良久,然后,他们紧紧地拥抱在一起。看着眼前这激动人心的情景,我和护士都情不自禁地泪流满面,并悄悄地离开了娱乐室。

"瞧!这真是上帝的杰作!有情人终成眷属!"我感叹道。

大约三个星期之后,我接到养老院打来的电话。"这个星期天您能抽空前来参加一个婚礼吗?劳伦斯和安吉莉娜就要喜结良缘了!"

那是一个多么美丽的婚礼啊!养老院里所有的人都身着盛装参加了结婚典礼。安吉莉娜穿着一件浅褐色的礼服,看起来非常美丽。劳伦斯则穿着一套深蓝色的礼服,笔挺挺地站在安吉莉娜的身边。而我呢,则荣幸地成为他们的男傧相。

养老院专门腾出一间房子,作为他们的新房。如果您想见识一下这对76岁的新娘和79岁的新郎是如何像一对年轻夫妻一样甜蜜牵手的话,那么您最好来看一看他们。

这份持续了近60年的爱情,终于有了最完美的结局。

(王致诚)

另在心中种下霸道的种子

有这样一个孩子，由于父母和祖辈的娇生惯养，自小就养成了唯我独尊、飞扬跋扈的性格。

上了幼儿园以后，他霸道蛮横的性格依然未改，加上他是一个小胖子，身材敦实，力气大，这更使他欺负起同学来有恃无恐。一言不合，就大打出手。时间不长，与他一个班的小朋友的家长都纷纷要求把自己的孩子调到其他班里。幼儿园老师多次批评他，他就泼皮耍赖，更令老师头痛的是，他的家长"护短"，嘴上答应好好管教，实际上领回家中，只是轻描淡写地说他几句，根本就起不到任何效果。好在他虽然小错不断，但大错不犯，渐渐地其他孩子也都不和他一起玩，在老师严格地监督下，他好歹顺利上完了幼儿园。

上了小学以后，禀性难移的他自然成了学校里的一霸，在和校园里几个有名的调皮孩子打了几架都取得胜利后，他成了名副其实的小霸王，并且有了几个追随者。他们在校园里耀武扬威，同学们见了都避之唯恐不及。看到其他同学都让着他、哄着他，他很得意，感觉自己在学校里算是一个大人物。上了中学以后，他仍旧霸气十足，稍不如他的意，就和别人打架。在中学里，身材强壮的同学如雨后春笋纷纷冒了出来，虽然他比较健壮，但有的同学显然比他更加高大威猛。强势惯了的他，难以接受这样的现实，打不过人家，他就去搬救兵，把自己的几个表哥叫上，在放学路上拦截教训对方，为自己出气。他的这一招非常有效，渐渐地在中学里，也没有人敢再惹他。

由于在学校里，他尽想着如何称王称霸，所以学习成绩自然可想而知。没有考上大学的他，很快踏入了社会，霸道的性格依旧如影相随，但这一回，他连番遭遇了挫折和打击。因为他自私蛮横的行为，很快遭到了周围人的厌恶，在和别人打了几架后，大家群起而攻之，他成了过街老鼠。只要他敢欺负弱小者，大家一起教训他。更为可怕的后果是，他遭到了大家的孤立，没有一个人愿意和他交往。一向强势的他，难以接受这样的结果，心理失衡的他每天躲在家中不愿意出来，时间久了，他的精神出了问题，没有办法，家人只能把他送到精神病院治疗。他的父母追悔莫及，每天以泪洗面……

这是一个真实的事例，故事中的主人公是我过去邻居家的孩子。现在的孩子多是独生子女，据我所知，在幼儿园、小学以及中学，这样的"小霸王"并不少见，有的家长甚至认为这样的孩子在校园里不吃亏,为培养出这种霸气十足的孩子而自豪。其实,当"霸道"的种子在孩子幼小的心田里生根发芽时,如果不及时铲除,这棵恶苗将越长越大,并最终会结出人人喊打的"恶果"。

(刘清山)

邮寄时光的"熊猫慢递"

夜幕降临，在一片安静的街区里，悬挂在路边第16根电线杆上的灯箱亮了，这只灯箱上，画着一只圆滚滚的熊猫。对它来说，此刻，新的一天才刚刚开始。这只睫毛卷翘的熊猫晃晃憨憨的脑袋，不紧不慢地顺着电线杆爬下来。对着反光玻璃整理整理头上的那顶绿色小帽后，又背上一个墨绿色的邮包，开始工作。打开邮箱，它数了一下，今天的信件可真不少，共有78封，目的地更是五花八门：东北的哈尔滨、香港的旺角、美国的旧金山、澳大利亚的堪培拉……这个胖嘟嘟的、腿有点短的熊猫邮递员既不乘火车，也不坐飞机，因为信封上写的邮寄时间非常宽裕，它总是慢悠悠地骑着脚踏车从这片街区出发，周游全球，逐一将信件悄悄地投递进世界各地那些熟睡着的窗口。

这个看起来如同童话的美妙创意，如今已变成了现实。这就是位于北京798艺术区、专门用来邮寄梦想的"熊猫慢递"店。顾客只需写一封信，在信封上写明邮寄的地址和邮编即可。和平时寄信不同的是，顾客得在信封上标注信件到达的时间。把信放进那只画着熊猫的邮筒里，然后充满希望地等待它在一年后、十年后或者几十年后到达它要到的地方。

　　开这家小店的，是个叫赵悦的女孩。两年前，在和同事去丽江旅行途中，她异想天开，从一间特别破旧的小邮电所里给自己寄了一张明信片。很快，她就把这事忘到了脑后。不想，两个月后的一天，明信片才迟迟送达。那一刻，她的心底突地泛起一丝惊喜，好像重新找回了一段失去的时光。回忆之余，同事不免调侃一下中国邮政的速度："这哪是快递，分明是慢递。"

　　没有慢递，又哪来的惊喜？赵悦这个平常只给别人的项目出谋划策的天才，脑子里瞬间冒出个想法：既然慢递能给人带来惊喜，我何不开一家"慢递公司"？给未来写信，给自己或者亲人一个梦想，不就是最简单的幸福吗？

　　经过一番筹措，"熊猫慢递"店开张了。收费标准是根据时间的长短来定的，比如2020年投递就收费20元，2090年投递就收费90元，以此类推。

　　出人意料的是，顾客纷至沓来，很少有人认为这是个玩笑。有位新婚女子给未来的自己写了一封信。收信时间是60年后，也就是她和丈夫钻石婚的时候。她在信中写道："寄出一份给60年后的信，也就是寄出了一份相信，一份相濡以沫的爱情坚守。"

　　一对准爸妈将一封信寄给了尚未小生的宝宝："亲爱的宝贝，虽然你现在还在妈妈的肚子里，但是你的到来会使爸爸妈妈非常幸福。

我们希望你在妈妈肚子里一定要吃得饱睡得香，长成一个健康的宝宝。明年的这个时候，让爸爸妈妈把你的小脸亲个够。"这封信将于2010年7月8日被投递到小家伙手中……

如今，赵悦每天都在忙碌着做信件登记，投入保险柜存放，甚至不得不考虑60年后该怎么办。尽管忙得焦头烂额，营业额也不是很高，可赵悦从未想过放弃。她说："如果生命真的如众人所说是一趟旅程，那么每一天都值得享受。当你选择让亲友或者自己等待一封未来将至的信时，其实就是在有意识地放慢脚步，感受时间的传递，并静心等待幸福的降临。"

是的，赵悦的那只慢悠悠的熊猫告诉我们：有梦想是幸福的，慢慢等待梦想的到达，更是一个幸福而美妙的过程。

（菊韵香）

阳光铺路，月色盈湖

我有一个远房侄子，前几年一直当兵，去年刚刚复员。面前的他成熟了许多，目光中有一种很坚定的亮色。

他给我讲当兵的经历。第二年的时候，他去了一个边防哨所，那里荒无人烟，举目四顾，戈壁茫茫，沙丘起伏。小小的哨所，只有六个战士，其余的。便是无边的凄清与寂寞。起初的时候，他心里也有着一团火，天高地阔，使人易生豪情，只是时日一久，便消磨殆尽。开始，他想像《士兵突击》里的许三多一样，在哨所前修一条像样的路，因为那里黄沙遍地，根本没有路的痕迹。

他满怀热情地干起来，战友们也帮着，只是一天下来铺好的路，一夜之后，便又被沙尘覆盖，仿佛那条路从没有出现过。一见此景，他一下子坐在沙地上。似乎是一个开端，他的生活终于失去了色彩，一天重复一天，不变的日夜晨昏，将年轻的岁月困围。他彷徨困惑，不知以后的路该怎么走，他觉得所有的前路都像曾经修过的那条路，在漫天的风沙中迷失了。

有一天夜里，他做了一个噩梦，从没有过那样可怕而绝望的梦境，他的心沉痛而破碎。当他霍然而醒，清晨的阳光正照在他灰色的脸上。那一刻，他长舒了一口气，有一种重获新生的感觉。心中充满了温柔的感激与谢意，幸好是一个梦，幸好有这样一个梦。他走出宿舍，阳光漫天洒落，将大地印得一片金色。忽然想起那条修过的路，此刻，那条路在他心中清晰町见，是用阳光铺就，通往光明的去处。

侄子说："那个早晨，我明白了许多，有阳光，路永远都在！"看着他依然充满希望的脸，我也被感染，阳光汹涌，只觉有无边无际的美好。忽然想起一个同学，他高中没读完就辍学。

有一年他独闯一个无人区，条件艰片，环境恶劣，他一步一步地挪动，向极限挑战。满目荒凉，水也要饮尽，可前路还不知多长多远。那是他从未遇见过的境遇，他咬牙告诉自己要坚持。白天气温高，他便躲在阴凉处休息，晚上赶路。

夜里虽然不热了，可是却又冷起来，而和满身心的渴意比起来，寒冷已经微不足道。他一边走一边四处看，想找一处有水的地方，那个时候，他相信就算一杯毒液在嘴边，他都会毫不犹豫地喝一卜去。只是，目光总是被失望折断，这里，连一株植物都没有。不知什么时候，月亮上来了，清清冷冷的银辉淡淡地印在地上。他努力看着自己的影子分散着注意力，不去想与水有关的事物。

偶然抬头间，就在前面，似是有一个大湖，在月光下分外惹眼。他精神一振，奋步前行，待到近前，果然是湖，只是早已干涸，湖底除了那些白色的碱状物，充盈的只有月色。他站在岸上，失望与希望交替着，而希望的来处，正是这片湖，这片只有月光流淌的湖。那一刻，他跋涉的灵魂仿佛找到了可以憩息的家园，他跪在岸边，就像一个朝圣者。

还好，那一夜，他走出了无人区。原本，他离出口已经不远。他在同学录上记述了这段经历，最后他写道：我的生命再不会饥渴，再不会动摇希望，也再不会疲惫沉沦，因为，我的灵魂一直沐浴在充满月光的湖中。

是的，有阳光有月色，便拥有了最珍贵最美好的东西。那是所有希望的来处，除了希望，没有可以左右生命的存在，所以，其余的，皆可舍弃。

（包利民）

用梦想擦亮黑暗的窗口

2009年7月15日。斯德哥尔摩、瑞典青年盲人协会年度会议上,大会主席宣布她全票当选协会副会长,与会成员全体起立,欢迎该协会成立以来唯一的国外董事局成员,在潮水般涌来的掌声中,她喜极而泣……

23年前的冬天,一个天使般可爱的小女孩在江苏泰兴一普通教师家庭呱呱坠地。根据她生下来眼睛大而亮的特点,父母亲左商量右掂量,给她取了个好听的名字——吴晶,寓意也好,希望她亮晶晶,晶晶亮,像天上的星星。

1岁。眼睛出了问题,妈妈带吴晶到医院,一检查,医生摇头叹息,这种严重的视网膜疾病,没有办法,只能摘除眼球。经过一个月痛苦的抉择,妈妈接受了这个事实。小吴晶那美丽的心灵窗户,就这样关闭了。蓝蓝的天、绿绿的地、飞翔的小鸟、美丽的花儿……都在她眼前永远地消失了。

7岁。父母把吴晶送到了扬州市特殊学校。她在音乐和体育方面表现出了特殊的天赋。小小年纪,学习吹奏乐器,学什么会什么,分别通过了长笛10级、竹笛8级、小号4级考试，还在全国残疾人文艺调演中获得过笛子组独奏三等奖；但她最感兴趣的是学习英语。因为每次听英语广播时，妈妈都这样告诉她，听说国外可以治好这种病。学好英语，到国外治病，成了她最大的梦想和最大的学习动力。

14岁。一次偶然的机会，吴晶在短跑项目上表现出的潜力被省体训队的教练发现，她从扬州市特校转到南京市特殊学校，开始了一边读书一边训练赛跑的特殊生活。经过刻苦努力的训练，她的短跑成绩在体训队里首屈一指，参加全国、亚洲残疾人运动会，先后夺得6块金牌。这个时候，她把目光投向了2004年残奥会，特别希望凭借自己的实力，在希腊雅典摘金夺银。

18岁。吴晶赢得了参加雅典残奥会的参赛资格，但不幸的是，在100米预赛上，她的大腿肌肉严重拉伤，队医告诉她，决赛不能参加了，她倔强地摇了摇头：来雅典是我的梦，就是走，我也要走到终点。就这样，雅典残奥会百米赛场上感人的一幕出现了：她拖着受伤的双腿，一瘸一拐地走到了终点。全场的观众都起立为她欢呼，掌声如潮，虽然最终只获得了100米第六名，但她微笑着说："能走上这样的赛场足以让我骄傲。已经尽力了，就不觉得遗憾。"赛后，她选择了退役，一门心思扑在学习上。

19岁。在特殊学校的安排下，吴晶开始学习推拿专业。但她认为推拿工作只是一种谋生的手段，不是她的梦想。她说："我的梦想是出国留学,让双眼复明!"在人生的走廊里,开着无数扇门,她要继续往前走,找到适合自己的那一扇。恰好这时,她三年前跟电台学英语时结识的一位外籍教师 Batc 先生,担任了南京外国语学校中加国际高中的加方校长。他极力邀请她到"中加班"试听。一个学期结束后,吴晶接到通知,她被南京外国语学校破格录取,成为该校成立42年来第一个盲人学生。同时,"中加班"加拿大总部决定给她发放奖学金——免除她三年约17万元的学杂费。

20岁。能够熟练"玩"电脑的吴晶,通过网上申请,争取到了去瑞典参观交流的机会。这个喜讯让妈妈大吃一惊,出国费用怎么办?她能孤身前往一个陌生的地方吗?她告诉妈妈,费用由南京一家公司赞助,不用操心,至于旅途生活,更不用担心,自己完全能够独立生活。她独自一人登上了飞往瑞典的班机……一周后,妈妈接到她的电话:妈,我已经安全回到北京了!整天提心吊胆的妈妈终于长吁了一口气。不久,美国盲人协会也邀请她去美国参观访问。机会难得,可这次出国的费用怎么办呢?妈妈犯难了。吴晶说,费用的事,还是我自己来想办法。经过努力,她争取到了中国国际航空公司的帮助,免费提供她往返中国的机票。

21岁。那年春天,应美国盲人协会的邀请,吴晶再次独自乘坐飞机抵达太平洋彼岸的美国,进行了为期一个月的访问,其间,她受到美国盲人协会负责人的接见,并进行了交流。在美国期间,她先后走访了斯坦福大学、普林斯顿大学、乔治敦大学、耶鲁大学、哈佛大学、波士顿学院等8所著名高校和3所盲校。美国《康州邮报》以《中国盲人高中生直面人生》为题对她进行大篇幅的报道。几所美国名校的招生部都被她的精神所感动，并安排了面试。

22岁。那年秋天，吴晶进入了瑞典斯德哥尔摩大学社会系。在此之前，她在美国就读预科，修完了别人要用三年才能修完的课程和学分，并且已经收到了包括哈佛在内的三所著名高校的正式录取通知，但她最后放弃了留美，而选择去了瑞典。因为她了解到，瑞典这个国家的教育和医疗是全免费的。这对家境并不宽裕、一直靠奖学金读书的她来说，是更好的选择。在北欧这个美丽的国家，已经熟练地掌握了英语和瑞典语的吴晶，开始辅修德语和法语，她编织着自己又一个美丽的梦想：将来能进联合国残疾人机构工作，为全世界更多的残疾人服务。

不久前，她策划并组织了一次主题为"黑暗中走出的辉煌"的盲人国际交流活动，有媒体记者问她：看不到光明，你却做出了许多辉煌的事，为什么？吴晶这样回答：小时候，妈妈对我说，再黑暗的天空，用美丽的云朵就能够镀亮。当年在日记里写下这句话时，我告诉自己，用心中的梦想，也能擦亮自己黑暗的窗口。其实每个人，只要心中有梦想，并且朝着梦想奔跑，就一定能走出辉煌。记者追问，在这个辉煌的时刻，你最想说的是什么？她微笑着递给记者一张名片，说，我的答案就在名片的背后。

她的名片上，印着一面鲜艳的五星红旗，背面分别用中英文写着：人的一生中，最为辉煌的并不是功成名就之时，而是从悲叹与绝望中产生对人生的挑战和对未来辉煌的期盼的那些日子。

（彭真平）

关照人就是关照自己

蜚声世界的美国石油大王哈默在成功前，曾一度是个不幸的逃难者。有一年冬天，年轻的哈默随一群同伴流亡到美国南加州一个名叫沃尔逊的小镇上。在那儿，他认识了善良的镇长杰克逊。

一天，冬雨霏霏，镇长门前花圃旁的小路成了一片泥淖。于是，行人就从花圃里穿过，弄得花圃里一片狼藉。哈默替镇长痛惜，便不顾寒雨淋身，一个人站在雨中看护花圃，让行人从泥泞的小路上穿行。镇长回来了，他挑了一担煤渣，在一头雾水的哈默面前，从从容容地把煤渣铺在了泥淖的小路上，结果，再也没有人从花圃里穿行了。最后，镇长意味深长地对哈默说："你看，关照别人，其实就是关照自己，有什么不好？"

可以说，镇长杰克逊对哈默后来的成功起了不可估量的作用。哈默成功后，曾对不理解他有一阵子减少石油输出量、说这与他石油大王身份不符的记者的提问回答道："关照别人就是关照自己。而那些想在竞争中出人头地的人如果知道，关照别人需要的只是一点点的理解与大度，却能赢来意想不到的收获，那他一定会后悔不迭的。关照是一种最有力量的方式,也是一条最好的路。"哈默的成功之路,就是走的一条关照的路,而关照别人,不仅能够赢得意想不到的收获,还有可能改变自己的一生。

乔治·伯特是美国著名的渥道夫·爱斯特莉亚饭店的第一任总经理,他正是用关照别人的善良和真诚,换来了自己一生辉煌的回报。那时,他只是一家饭馆的年轻服务员,一个暴风雨的晚上,一对老夫妇来旅馆订房,可是,旅馆所有的房间都被团体包下了,而附近的旅馆也都客满了。看着老夫妇一脸的无奈,乔治·伯特想到了自己的房间,他对老夫妇说:"先生、太太,在这样的夜晚,我实在不敢想象你们离开这里却又投宿无门的处境,如果你们不嫌弃的话,可以在我的房间里住上一晚,那里虽然不是豪华套房,却十分干净,我今天晚上在这里加班工作。"老夫妇感到给这个服务生增添了不少麻烦,很是不好意思,但他们还是谦和有礼地接受了服务生的好意。第二天早上,他们要付给这个服务生住宿费,但被他拒绝了:"我的房间是免费借给你们的,我昨天晚上在这里已经挣了额外的钟点费,房间的费用本来就包含在里面了。"老先生很是感动,说:"你这样的员工是每一个旅馆老板梦寐以求的,也许有一天,我会为你盖一座旅馆。"年轻的服务生笑了笑,他明白老先生的好心,但他知道这是一个笑话。

几年后的一天,仍在那个旅馆上班的乔治·伯特忽然收到了老先生的来信,请他到曼哈顿去见面,并附上了往返的机票。乔治·

伯特来到曼哈顿，在第五大道和三十四街之间的豪华建筑物前见到了老先生。老先生指着眼前的建筑物说："这是我专门为你建造的饭店，我以前曾经说过的，你还记得吗？"乔治·伯特吃惊极了："你在开玩笑吧？我真糊涂了，请问这是为什么？"老先生很温和地说："我的名字叫威廉·渥道夫·爱斯特，这其中没什么阴谋，只因为我认为，你是经营这家饭店的最佳人选。"谁能想到，这年轻的服务生对老夫妇的一次关照，却赢得了自己一生的幸运和收获。

是的，生活中很多时候，有许多我们用金钱和智慧千方百计得不到的东西，却因为一点点温暖、真诚、爱心和善良，轻而易举地就得到了。只是因为，很多时候，这些看似平凡而又简单的付出，却比金钱和智慧放射出更加诱人的光亮和色彩，却比金钱和智慧更加令人需要和愉悦。

记住，给别人掌声，自己周围掌声四起；给别人机会，成功正在向自己走近；给别人关照，就是关照自己。

（张占平）

豁　达

　　雪天路滑，摔倒了，全身生疼，别骂、定定神，缓缓疼，高兴地站起来前行就得了，幸亏摔了一跤，摔三跤五跤，你还赖在路上不起来不成？走着走着，车胎没气了，别骂。不就扎了一个小图钉吗？人的脚上都还有扎刺的时候呢。

　　面对着日复一日、单调乏味的事儿，别怕。有事干就是福，这正说明你有工作、有收入。面对日渐增多的白发，别怕。花开纵有千日红，人生谁不白头翁？黑发年少懵懂过，老来更知人生乐。

　　家有高中读书郎，别愁。不要说："家有读书郎，愁坏爹和娘。"而要想，家有书卷香，前程通四方。自己得病了，别愁。愁也一天，乐也一天。嘻嘻哈哈活长命，气气恼恼易生病。

　　读书学艺，进步不快，别急。一口吃不成胖子，吃成胖子也不像样子。速生的竹子哪能比得上慢长的松树哇。创家立业，未能一步到位，别急。白米细面，土中提炼。要想吃饭，就得出汗。心急吃不上热豆腐哇！

　　单位的领导强调工作纪律，别烦。这首先说明你有单位、有工作。下了岗，没单位，才叫烦呢。面对妻子的唠叨，别烦。一位妻亡家毁的富翁说，有家，有妻子，真好。能一起吃饭，能一起说话，就是一起吵架也好哇！

去银行取款，发现扣了税，别怨。这说明你有个人所得收入。扣税越多，不是说明个人收入也越多吗？行车被交警罚款，别怨。十次车祸九违章，掏钱买教训，这等于给你系上了安全带，你偷着乐去吧。

有人在背后给你使了坏，你没来得及回敬他一下，别悔。他一脚踩了玫瑰花，玫瑰花反而把香味留在他鞋上了。这就是宽容。宽容是美德。

人的一生，从呱呱坠地到古稀七十，也不过两万多天罢了。无端地让心空布满阴云，多可怕呀！再说，坎坷不平，是人生的正常状态；一帆风顺，倒是人生的偶然状态。人生的诀窍在于豁达，学会豁达，生活就快乐多了。

（刘光荣）

不要赢了今天输了明天

十年前，我的一位堂弟从医学院毕业，为了多拿薪水，放弃了进省立医院的机会，应聘到一家药企，当医药代表。开始还真的不错，只干了三年，便凭自己的实力在省会城市的较好地段买下了一百多平方米的住房。

然而，花无千日好，最近几年，随着药企之间的竞争不断加剧，特别是各地对药品陆续实施了政府采购后，请客送礼和按处方给医生提成的促销办法越来越行不通了，堂弟的收入急剧下降。堂弟想重新回到本专业，但年龄已不小，医务能力并不比应届毕业生强，哪家医院肯收呢？只好继续在药品销售行业待着。而他的同学，大多已经成为大型医院里的业务骨干，不少同学收入已超过了他。看到同学事业蒸蒸日上，而自己的未来却日渐暗淡，堂弟十分惆怅。

堂弟的经历对每一个初涉社会者来说，都有警示意义，那就是求职须有发展眼光，要将职业选择与人生规划有机结合，力争为自己找到一个业务不断精进、事业越做越红火的舞台，千万不可利令智昏，赢了今天，输了明天。

求职要有发展眼光。当第一个职业机会到来时，首先要考虑的是，它能不能发挥自己的特长。一个人要想事业有成，必须将职业规划与自己的兴趣有机结合，因为，只有从事自己最感兴趣的工作，才会有不竭的奋斗动力。为了几个现钞，硬着头皮做自己不感兴趣的事情，是以长博短，没有愉悦感，更难出成果。所以，选择职业时，务必有清醒的头脑，有长远打算，选择真正适合自己的行业，选择有发展后劲的单位。即使选中的单位名气暂时不响，但是只要有学习机会，单位气氛和谐，有持续发展后劲，对个人的发展也是有利的。即使眼下少拿几个钱，也比那种为了眼前利益而从事自己不热爱的行业者有前途。

如果暂时不能发挥特长，也要尽可能往相关行业靠，立足后，再看看有没有转身的机会。有时候，我们会在千军万马挤独木桥的竞争中败下阵来，这时，不要气馁，不妨打打迂回战，先做做相关工作。假如你是学新闻专业的，你当然希望一毕业就进入新闻单位从事真刀实枪的新闻采编工作，成为一个专业记者或编辑。如果暂时实现不了，你也不要放弃自己的理想，可以先考虑到媒体做点其他工作。比如，先到发行部门或广告部门干干，也许会比直接做记者编辑多吃一些苦头，但是，今天所做的一切，都是为了明天有更好的发展。若干年以后，等你在新闻单位站稳了脚跟，你再显示出自己在新闻采编上的能力，机会就会向你招手了。

有发展的眼光，才能树立自信心。初涉职场者，一般来说都非常缺钱，最容易受外界的诱惑，有发展的眼光，心中对前景抱有自信，才能坚持自己的选择，一步一个脚印地走向成功。开始吃点苦头，少拿点钱，若干年以后回过头来看，会发现这一切都是非常值得的。

（廖仲毛）

心有多大世界就有多大

心是什么？是理想、追求、抱负、胸襟、视野和境界。有一等胸襟者，才能成就一等大业；有大境界者，才能建立丰功伟业。

很多时候，我们去做一件事，常常缺少的不是知识和能力，而是胸襟、视野和境界。

心像针眼一样小的人，做起事来，常常挑三拣四、拈轻怕重、斤斤计较、患得患失，他们整日忙忙碌碌，最终却碌碌无为；心像大海一样宽广的人，尽管有时从事的是最平凡的工作，但他们从来不怨天尤人、自暴自弃，而是任劳任怨、埋头苦干、无私奉献、不计得失，在平凡的岗位上却创造出不平凡的业绩。

知识缺乏，可以去汲取、去丰富；能力低下，可以去训练、去强化。唯有扩大胸襟、拓宽视野、升华境界不是一件容易的事。它需要不断地学习、自省、淬火、修炼和砥砺。做人、做事有了境界，就会成为仁者、智者。既仁又智，当天下无敌。

当心变大时，我们就多了一对眼睛、一双手、一副耳朵。眼望不到的景物，心可以感受到；手够不着的东西，心可以触摸到；耳听不见的声音，心可以聆听到。用心做事，可以明辨是非、洞察秋毫；用心做事，可以匠心独运、巧生于内；用心做事，可以八面来风、生定慧根。世上千事万事，唯有用心做事，才能把事情做大做好、做精做妙。

我们很难成为伟人，但可以拥有伟人一样的胸襟。我们不可能干出惊天动地的大事，但可以用大境界的心态去做平凡的小事。

不要把心放在手掌上、眼皮下，要把心放在高山之巅、大海之上。置心于山巅，就会"山高我为峰""一览众山小"，饱览无数精彩迷人的风景；置心于大海，就会"自信人生二百年，会当水击三千里"，勇立潮头，尽显英雄本色。

心有多大，舞台就有多大；心有多大，世界就有多大。

（杨自芳）

行动是最好的机遇

1994年，为了让孩子受到最好的教育，她们一家三口来到了北京，丈夫开出租车，她摆摊修鞋，想不到时间不长，丈夫就因为车祸去世。带着孩子回老家，经济压力会减轻不少，但为了孩子的前途，她还是咬着牙留了下来，仅凭着修鞋挣来的微薄收入支撑着这个家。

后来她听人说天安门和故宫一带人流量大，修鞋的生意比较好，她便辗转来到了那里，收入的确比以前好，但相对于高额的房租和物价，母子二人的生活依然捉襟见肘，她无时无刻不在寻找机会改变自己的命运。

2002年的一天，一位在故宫做讲解员的女子到她的鞋摊上修鞋，在闲聊中那人告诉她，干这一行没有学历限制，只要对故宫熟悉，并且掌握一门小语种就行。女子无意中的一句话，让她看到了光明的前程。

自己的修鞋摊在故宫旁边摆了将近十年，每天耳濡目染的都是故宫的故事，只要再掌握一门外语，那故宫解说员的工作不就唾手可得了吗?

当年12月,北京应用技术大学开了一个葡语培训班,学费虽说只有1800元,但对她来说也是个天文数字,最后她狠下心报了名。然而,由于她的基础太差,讲课如同听天书。为了强化记忆,她一咬牙,花了80元钱买了一个MP3,上课时录下老师的讲课内容,利用白天修鞋的空闲反复听。后来,她还专门制作了一个牌子,用葡萄牙语写着:免费修鞋和问路。通过这种方法制造与老外交流的机会。她的故事感动了一个在外企做高管的名叫保利诺的巴西青年,有空就来指导她。

2005年春节前,她应聘做7天的讲解员。可进了故宫就找不到东南西北了,而且,那些耳熟能详的故事,真正用葡语翻译起来,常常是张口结舌。聘用方只好将她劝回了。没想到,三年废寝忘食地学习,连一次讲解也不能完成!她忍不住哭起来,痛定思痛,她找来《故宫导引》等资料,请保利诺把这些资料翻译成葡萄牙语。从此,每天一睁开眼她就开始背,给儿子做早餐时背,去摆摊的路上背,修鞋时背,吃饭时背,就连上厕所、晚上洗澡的时间也在背,直到将那两大本解说词背得滚瓜烂熟。接着,她还去熟悉故宫,她前后共去了8次故宫,故宫里任何一个不起眼的角落都留下了她的足迹。

2006年6月,她信心满满地参加了一家旅行社的故宫博物院讲解员的资格考试,结果顺利通过。现在的她早已不是那个凄惶的修鞋女了，而是一个每天操着流利的西班牙语徜徉在故宫里的白领。现在她已经在北京按揭了一套60多平方米的两居室，儿子也于这年夏天以优异的成绩考上了巴西利亚大学计算机专业。

2010年10月1日，葡萄牙政党的重要领袖德·布拉干萨来中国进行友好访问，访问期间欲参观故宫。在经过严格考核后，她成了德·布拉干萨的讲解员。

她叫朱桂栀，谈起自己成功的转身，她说："人生永远没有不可逾越的绝境，拥有的，只是无数种希望。不要去刻意寻找什么机遇，因为行动，就是最好的机遇。"

（焦淳朴）

人生中最宝贵的是什么

有位大学毕业不久的青年晓海，在深圳一家外贸公司做业务员，怎么形容他的拼命呢？在他租住的居室里，到处是方便面袋子。他说除了应酬，要么，吃快餐，要么吃方便面。因为天天跑工厂下单子，和客商谈判。时间是以分计算的。他又在老家开了一家批发店，每周还需进货，实在太忙了。深圳房价贵，晓海的目标无非要拼下一套房，然后与女朋友体面地结婚。

得到晓海噩耗是在去年秋天，他得了直肠癌，因为工作太忙，错过了最佳的治疗时间。朋友去看望他，坐在他身边，不知该如何开口。

晓海却长长地叹了一口气，说："看来是老天让我休息。"朋友说："是啊，你平时太忙了，病了，倒是应该好好休息一下了。"

话刚出口，朋友觉得不妥。晓海说："我赚了不少钱，才发现这不是快乐。现在总是想起以前我们在一起读书、打球，违反校规去逛街、看电影的日子，那些日子真是快乐。"

白岩松说过这样一段话：一个从小就接受争先教育的孩子，长大之后是可怕的，他的成长过程不仅失去了欢笑，而且他在步入社会后，假如成为领导，他会不考虑员工自身感受，把员工看成是一种简单劳动力来使用；如果是一个普通人，那么他就会苛求自己，让自己在所谓的奋斗中穷其一生，至死也不明白，他到这个世上是干什么来的，他笑过了没有，他有没有享受过快乐。

于娟，32岁，祖籍山东济宁。本科就读于上海交大，在复旦大学获得博士学位，后赴挪威深造，回国后任职于复旦大学社会发展与公共政策学院。这位海归博士，曾经试图用三年半时间，同时搞定一个挪威硕士学位和一个复旦博士学位。然而博士毕竟不是硕士，她拼命努力，最终没有完成给自己设定的目标，恼怒得要死。

2009年12月，于娟被确诊患乳腺癌，4个月后病逝，临死前她在博客中发出感慨："在生死临界点的时候，你会发现，任何的加班、给自己太多的压力、买房买车的需求，这些都是浮云。如果有时间，好好陪陪你的孩子，把买车的钱给父母亲买双鞋子，不要拼命去换什么大房子，和相爱的人在一起，蜗居也温暖。"

西方流传着一个故事：三个商人死后见上帝时，讨论他们在尘世中的功绩。一个商人说："尽管我经营的生意接近于倒闭，但我和我的家人并不在意，我们生活得非常快乐。"上帝给他打了50分。

第二个商人说："我很少有时间和家人待在一起，我只关心我的生意。你看，我死之前，是一个亿万富翁。"上帝也给他打了50分。

这时，第三个商人开口了："我在尘世时，虽然每天忙着赚钱，但我同时也尽力照顾我的家人，朋友们和我很谈得来，我们经常在钓鱼或打高尔夫球时，就谈成了一笔生意。活着的时候，人生多么有意思啊！"上帝听完，给他打了100分。

  有位哲人说过：爬山的时候，别忘了欣赏周围的风景，假如工作的目的是为了挣钱，挣钱的目的是为了投资，投资的目的是为了挣到更多的钱，你就会在爬山的路上只顾低头爬山，完全忘记生活的目的了。对于生命来说，到底什么是最重要的？或许只有当你垂暮了，快要告别人世了，你心如和风，回忆一生，才知道什么是你人生中最宝贵的东西。

（章睿齐）

石成金立身《十要歌》

石成金，字天基，号醒庵愚人，世居江苏扬州，清代著名养生学家，主要生活于顺治、康熙年间。石氏在《养生镜》里，收有一首《十要歌》，高度概括了他立身处世的准则，非常值得重视。

所谓十要，包括孝、悌、严、忍、勤、俭、谦、让、愚、笑等十个方面。石氏指出，为人应当孝敬父母，反爱兄弟，严格教育子女，遇事忍耐，手脚勤快，生活俭朴，待人谦恭，分财逊让，愚拙自守，欢笑乐观。下面简要加以介绍。

石成金首先强调孝敬父母。他说："人要孝，人要孝，父母生我恩难报。三年乳哺苦劬劳，养得成人图有靠。听我歌，尽孝道，朝夕承欢休违拗，寒时检点与衣穿，饥来茶饭宜先到。檐前滴水不差移，你的儿孙都尽孝。"我们今天时代不同了，当然不能照搬"父为子纲"的封建孝道，但孝敬父母却是完全应该的。父母辛辛苦苦把子女抚养成人，待到年老时有的体弱多病，有的生活十分困难。鸟雀尚知反哺，子女更应对老年父母多方加以照顾和赡养。《中华人民共和国老年人权益保障法》第十一条明确规定："赡养人是指老年人的子女以及其他依法负有赡养义务的人""赡养人应当履行对老年人经济上供养，生活上照料和精神上慰藉的义务，照顾老年人的特殊需要。"党的十四届六中全会决议也指出：要"大力提倡尊老爱幼"的家庭美德。子女孝敬父母是天经地义的。任何人都有衰老的一天，你年轻力壮时能够精心照料和孝敬你那年老体衰的父母，等到自己苍老的那一天，你的子女也会同样孝敬你。否则，你丧尽天良虐待自己年迈的父母，等到你白发苍苍时，你的子女也会用同样的方法虐待你。这就叫种瓜得瓜，种豆得豆。所以石成金说："檐前滴水不差移，你的儿孙都尽孝。"就像屋檐滴水那样，后一滴跟着前一滴掉落在同一地点。说明家庭道德也是代代相传的。一个孝敬父母的人同样会赢得自己子女的孝敬，不然就会收到相反的后果。

石成金接着又讲了人要悌和人要严的道理。所谓人要悌，要求兄爱弟来弟敬兄，姑嫂妯娌互相敬重，做到"兄爱弟敬两相亲，骨肉同胞难抛弃""同居妯娌要相安，免得大家伤和气"。所谓人要严，认为子女从小必须严格管教，倘若子女自幼形成坏的生活习惯和思想品质，到成年时就难以纠正了。石氏写道："人要严，人要严，有子须当教训先。养子不教父之过，爱他今日害他年。听我歌，早着鞭，莫问小过且姑怜，自小纵容不成器，大来拘束也枉然。士农工商执一业，免他流落在人间。"其中除了鞭打体罚不足取外，其他都是十分可行的。现今独生子女很多，他们大多成了家中备受宠爱的小皇帝，有的孩子从小骄横放肆，胆大妄为，不讲文明礼貌，自私自利，不顾他人，做家长的却一味迁就。如此姑息、溺爱和纵容，名曰爱之，其实害之。有的长大以后，非但"不成器"，有个别的甚至会堕落成为犯罪分子。因此，石成金的提醒很值得注意，对孩子从小就应有严格要求，要对他们加强思想品德教育，让他们从小学会尊重人、关心人和帮助人，还要培养他们爱劳动的习惯和自力更生的能力。这样，孩子长大以后才能在社会上立足。

石成金说："人要忍，人要忍，闲是闲非休作准，些许小事没含容，弄得家贫身也损。"又说："人要勤，人要勤，男耕女织各经心。古云坐吃山空了，要望成家只在勤。"还说："人要俭，人要俭，淡饭粗衣安贫贱。酒肉朋友哪个亲，手里无钱人都厌；有钱常想没钱难，若要安身要省俭。"认为做人要忍耐，不可放纵，小不忍则乱大谋，小事不忍就可能招致破财损身的大祸。为人要勤快，勤劳可以致富，懒惰必然受穷，即使有万贯家财也会坐吃山空。游手好闲会沦为下贱之辈，为非作歹必受法律制裁。生活要俭朴，要精打细算，绝不可铺张浪费。要居安思危，居富思贫，做到"有钱常想没钱难"，这样日子才会过得安稳踏实。

石成金主张为人谦让。他说："人要谦，人要谦，从来自大必生嫌。惹祸皆因好多事，见人礼貌笑颜添。奸盗邪淫行不得，若还狂妄定招愆。亲朋个个都欢善，乡党恂恂一味谦。"又说："人要让，人要让，你来我往都钦尚。坏人厚交吃他亏，有益好人当学样。听我歌，莫轻忘，就少推多才为上。放开一步天地宽，何必锱铢尽较量。任他算计有千般，我不想争有一让。"石氏在此强调为人要谦虚谨慎，讲究文明礼貌，这样人际关系就处理得好。切不可狂妄自大，恣意骄横，那是获罪和取败之道，绝没有好结果。与人交往要谦让，不要斤斤计较，分钱财时宁可自己少得，而让别人多得。但要注意，只可交品德高尚的好朋友，绝不可结品行恶劣的坏朋友，如果与坏人厚交就会吃大亏，那是应当引以为戒的。

石成金提出，做人当愚拙自守，乐观旷达。他说："人要愚，人要愚，装聋装哑假痴迂。聪明多被聪明累，巧者常为拙者驱。听我歌，好自知，每日憨憨怀展舒。我只随缘不妄想，无涯快乐总归愚。"所谓"装聋装哑假痴迂"，就是不要自我吹嘘，不要露才扬己，不要卖弄本事，而要做到大智若愚，大巧若拙。智商高本是一件好事，但有些人却机关算尽，处处卖弄聪明，自以为高人一等，谁的意见也听不进去，结果招致失败，造成不可挽回的损失。所以说"聪明反被聪明累"。《红楼梦》中有两句话："机关算尽太聪明，反误了卿卿性命。"说的也是这个意思。处世憨厚的人，处处说老实话，做老实事，坚持实事求是，表面上看来很愚笨，实质上才是真正的大聪明人。他们从不偷奸耍滑，从不算计他人。俗话说，为人不做亏心事，半夜不怕鬼敲门。他们的心情自然舒畅，对一切都很坦然，故曰"无涯快乐总归愚"。

最后，石成金指出为人要经常欢笑，不要愁眉苦脸。他说："人要笑，人要笑，笑笑就能开怀抱，笑笑疾病渐消除，笑笑衰老成年少。听我歌，当知窍，极好光阴莫丢掉。堪笑痴人梦未醒，劳苦枉作千年调。从今快活似神仙，哈哈嘻嘻只是笑。"石氏在此用十分通俗的语言，概括了乐观情绪与养生保健的辩证关系。因为笑是乐观的标志，有利于健康长寿，故民间至今还有"笑一笑，千年少；愁一愁，白了头"的说法。马克思曾经指出："一种美好的心情，比个副良药更能解除生理上的疲惫和痛楚。"这是因为乐观情绪能够提高人体的免疫功能，能够提高防病抗病的能力。由此可知，石成金所说"笑笑就能开怀抱，笑笑疾病渐消除，笑笑衰老成年少"，非常合乎科学道理，是很有积极意义的。

（周一谋）

做事之前先做人

中国传统文化十分强调"人"与"事"的联系的必然性,认为"什么样的人",就会做"什么样的事""人"决定"事"。当下一些人对其很不以为然,认为那是过时的老皇历,没有多大现实意义,主张应效仿西方把"做人"和"做事"分开,"做人"归"做人""做事"归"做事"。

西方确有"人"与"事"两分开的传统,但如果把它绝对化,也是不符合实际情况的,西方人在具体事情上有时也很注重"人"与"事"的和谐统一。美国前总统麦金莱一次想从两个老朋友中选一位担任驻外大使。起初他左右为难,犹豫不定,不知确定谁更合适。后来他回想起多年前的一件小事:在一个风雨之夜,麦金莱搭上公交车,坐在最后排的座位上。随后上来一位老妇人,手挽着沉重的衣篮站在过道上却无人让座。这时麦金莱的一个朋友(两位大使候选人之一),坐在前面看报,无所表示。最后还是麦金莱起身让了座位。这位朋友做梦没想到这么件小事竟然决定了他的"命运"。因为在麦金莱看来他"人"不行,也就不让他去干驻外大使的"事"。

每个人都希望自己能做些让人称道的有价值的事，用传统语言来说，就是要"立功""立言"。如何达到"立功""立官"？古人认为先要"立德"，也就是先有"德"才有"得"。中国古人所揭示的"德"与"得"之关系，从根本上讲，具有跨越时空的真理性。

实际上"怎样做人"是摆在每个人面前不可回避的问题，谁也没有豁免权。如今市场经济已是无须再争的社会现实，客观上商品化的浪潮冲击着社会各个层面、各个角落，好多人忙着"下海"做"事"。许多"下海"者和其他人有意识或无意识地认为，经商是远离道德品质修养的世外桃源，没有什么"做人"之虑。做商人是要赚钱的。金钱这东西很容易改变人的性情，不少人在金钱面前变得特别贪婪、见利忘义，甚至干出伤天害理的事来。那么整日同金钱打交道的商人，是否就该见利而忘义？真正成功的商人的经商实践做出了否定性的回答，同时又向人们昭示一个道理，也是商人立业的大前提：做人。

日本三井公司总经理池田成彬，常为人题写"德是根本，财是末端"八个字，它高度概括了池田成彬多年经商的成功经验。在商品经济高度发展的西方，商界中流行着一条黄金法则，据说，西方商人对其顶礼膜拜，推崇备至。这条法则用中国话来表达，就是"己所不欲，勿施于人"。如此充满浓厚道德色彩的商业法则，体现了商品经济对商人的行为的基本要求。大量的经商实践证明，只有恪守商业道德，方能在商海中如鱼得水，任意遨游。因为顾客会对其产生诚实可信的信赖感、得到尊重的满足感、顾客之家的亲切感，企业的美好形象会长久印记在顾客心中，从而形成习惯性的惠顾心理。顾客对你经营的商品深信无疑，甘愿舍近求远去你店购买，往往是一次买卖不成下次还会寻上门来。并且经常性地对他人做"现身说法"，起广告宣传、传递信息的作用，鼓动他人甚至带领他人到你店购物。另外，商人一贯讲究经商道德，人品高尚，有助于在企业内部营造良好的心理氛围，增强职工真正的自豪感，归属感，进而真心实意地为你的企业全力工作。所以，美国教授霍夫曼指出：为一个努力做正确的事的公司工作，员工会有良好的感受，良好的感受能转化成劳动生产率和产品质量的提高。"做生意，归根到底是做人"。只有遵守商业道德，注重自我人格修养，才能生意兴隆，买卖越做越大，以较少的劳动消耗，赢获最大的经济效益。那种"无商不奸"的说法，乃是庸俗经商者的短见。所谓"坐井观天，曰天小者，非天小也，所见者小也"，奸商可能是得逞一时，但终究会弄巧成拙遭到失败，成不了大事。

领导者作为人群中的特殊阶层，由于所处地位、所负的责任、所应发挥的作用，更存在着"做人"与"做事"这一必答的"应用题"。现实中有的领导人偏重于"做事"，轻视甚至漠视"做人"，这是一个很大的认识误区。一个领导者能否成功地实行领导，主要决定于领导者是否具有影响力。领导者的影响力由权力性影响力和非权力性影响力所构成。提高领导者的影响力，关键是提高比权力性影响力有更大力量的非权力性影响力，而在构成非权力性影响力的诸多因素中道德品质是本质性因素，居首要地位。

道德品质是决定领导者政绩的重要因素。道德品质高尚的领导者必然廉政、勤政、扶正祛邪，主持公道，全心全意为人民办实事办好事，深受群众的拥戴，具有巨大的号召力。其下属在心中对他产生认同感和尊重感，自愿地想领导之所想，急领导之所急，千方百计为领导者出主意想办法，同时又在行动上竭尽全力干好领导布置的工作。如此这般，哪能没有辉煌的政绩？如果领导者道德品质低下，口碑不佳，乃至千夫所指，令下属厌而远之，惧而远之。这样的领导者还会有政绩吗？

魄力和才干也是决定领导者政绩的因素。魄力、才干、道德品质是各自有别不相同的范畴，但前两者受道德品质的影响、甚至为其所左右。道德品质高尚的领导心胸坦荡、无私无畏，在领导工作中勇于负责、敢于创新，表现出极大的魄力，同时才干也得到相应的锻炼和提高。而有的领导者总是胆小怕事、思前想后，缩手缩脚。为何？是私心作祟。有的领导者也有才干，胸装不少良策妙方，但由于私利所致就是不实施利国利民、却触及个人利益的"锦囊妙计"。因此说，他的才干也是"虚"的。

相声表演艺术家马季在一次相声创作研讨会上讲过这样的话：当创作人员的创作水准达到相当高程度时，要使作品更受欢迎就要看其人格魅力了。马季讲的是相声创作问题,但其中的道理却带有普遍意义。海王星的第一位发现者是位大学生,难道此人的学问比天文学家高明吗?不是!因为寻找海王星的计算过程是异常乏味和枯燥的,那些有名望的天文学家为名声所累,都躲得远远的,生怕一无所获被人耻笑。居里夫人则与这些患得患失的天文学家形成鲜明的对照。她说,荣誉这东西好比玩具,只能玩玩,绝不可守着它。正因如此,在获得第一次诺贝尔奖后,她又全身心地投入到科学研究中取得新的科研成果,再一次获得诺贝尔奖。全国劳动模范包起帆,自1981年以来完成了70多项技术革新和发明创造,人称"抓斗大王",名震中外。外国许多商人要与他合作办厂,请他"下海",都被谢绝。他说:我不能忘记党组织和国家对我的培养;不能忘记改革开放这个时代给我的机遇;不能忘记科技群体这个伙伴。我是要下"公海"的,要在今后几年里再完成5项到10项技术革新和发明创造,再为上海港创办5到10个合资企业。

近些时候,北京大学学生提出一个响亮而实在的口号:"治国平天下,先自修身始。"可以看出他们已充分认识到"做人"(修身)是"做事"(治国平天下)的基础和先决条件。愿一切立志有所作为者,首先在"做人"上下功夫。

(钱森华)